江苏大学
五棵松文化丛书

JIANGSU
UNIVERSITY

江苏大学专著出版基金资助出版

Research on
Patent Implicit Value Evaluation from Multi−theory Perspectives

多理论视角下专利隐性价值评估研究

王秀红　著

江苏大学出版社
JIANGSU UNIVERSITY PRESS
镇江

图书在版编目(CIP)数据

多理论视角下专利隐性价值评估研究 / 王秀红著
. — 镇江：江苏大学出版社，2020.5
ISBN 978-7-5684-1355-8

Ⅰ. ①多… Ⅱ. ①王… Ⅲ. ①专利－评估方法－研究
Ⅳ. ①G306.3

中国版本图书馆 CIP 数据核字(2020)第 069606 号

多理论视角下专利隐性价值评估研究

Duo Lilun Shijiao Xia Zhuanli Yinxing Jiazhi Pinggu Yanjiu

著　　者/王秀红
责任编辑/仲　蕙
出版发行/江苏大学出版社
地　　址/江苏省镇江市梦溪园巷 30 号(邮编：212003)
电　　话/0511-84446464(传真)
网　　址/http：//press. ujs. edu. cn
排　　版/镇江市江东印刷有限责任公司
印　　刷/句容市排印厂
开　　本/890 mm×1 240 mm　1/32
印　　张/7.25
字　　数/208 千字
版　　次/2020 年 5 月第 1 版　2020 年 5 月第 1 次印刷
书　　号/ISBN 978-7-5684-1355-8
定　　价/42.00 元

如有印装质量问题请与本社营销部联系(电话：0511-84440882)

前　言

　　专利价值的最终实现依赖市场的应用和检验,包括专利的实施、许可、转让、质押等形式。专利交易受多方面显性和隐性因素的影响,其价值评估是一项复杂的系统工程,需要大量的理论与实践支撑。

　　本书在借鉴国内外研究成果的基础上,对专利隐性价值评估的指标体系和方法进行较深入、系统的研究,探讨影响专利价值的隐性静态和动态因素及内在联系,综合应用情报学、经济学、投资学、市场营销学、统计学、数学、计算机科学、专利检索与专利分析等基本理论和方法,并进行实证,验证此次研究的合理性、科学性。本书不仅注重思辨性的定性分析,还通过定量数据结合专家调查结果,进行定义、量化、分析与验证。数据检索基于 Thomson Innovation(TI)专利分析平台和德温特专利数据库、LexisNexis 法律信息检索平台进行。本书主要包括以下几个方面的研究内容。

　　(1)专利隐性静态价值内涵研究

　　马克思“劳动价值论”视角下的专利价值体现在两方面:专利自身所包含的技术创新水平和法律独占性带来垄断收益,构成专利价值基础;专利作为无形资产在进行市场交易中进行专利抵押、转让、融资等交易活动实现其使用价值。专利的价值和使用价值受很多时间因素、外围等隐性因素影响,本书结合投资学视角,剖析专利隐性价值的内涵。

　　(2)专利技术水平评估指标体系及实证研究

　　专利技术水平本身随时间和外界环境的变化而变化,是专利静态价值评估指标的重要部分。本书从具体某一授权专利技术本身出发,提出通过对技术方案进行深入解读,挖掘专利各要素与技术水平评估指标的关联因素。运用精细加工可能性模型（ELM）划分构建专利技术水平评价的中枢指标和边缘指标：中枢指标为专利创造性程度指标，包括专利文献相似度、审查员创新性审查意见、申请人创造性答复意见、技术人员对技术内容深度解读；边缘指标包括技术生命周期、技术覆盖范围、权利要求项、同族专利、专利权人实力和专利法律状态等指标。进一步对各级指标深入分析，计算中枢指标和边缘指标分值再加权求和并进行实证。指标权重设置依评估目的不同而异。

（3）专利隐性静态价值评估指标体系及实证研究

在专利权人实力视角下，从待评估专利所属专利权人实力和该专利技术水平 2 个维度研究专利隐性静态价值。将待评估专利所属专利权人的规模、专利申请量、专利平均施引率、平均引用率和平均同族专利数，以及待评估专利的施引专利、引用专利和同族专利数，共 8 个要素进行检索、分析与组合；分析待评估专利所属专利权人实力、待评估专利的施引专利所属专利权人实力、待评估专利引用的专利所属专利权人实力对专利价值的影响，构建专利隐性静态价值评估指标，并实证分析。

（4）专利隐性动态价值评估指标体系及实证研究

顾客价值理论视域下挖掘专利隐性动态价值：从顾客价值的驱动因素出发，设置专利购买者的价值驱动要素，包括专利技术、外围环境、购买目的；重点从购买目的角度构建指标体系，将购买目的分为生产经营（包括生产销售、技术转让、产品升级）、品牌效应（包括增加专利储备、构建技术壁垒、增加产品附加值）、长短期投资（包括获得政策扶持、获得专利许可费、专利质押融资）；分析同一专利在不同时期、不同购买者实施能力、不同购买目的、不同外围环境等隐性因素对其专利产生长远利益的影响，构建专利隐性动态价值评估指标体系。

以农机领域专利为例进行实证分析：选取播种机、插秧机、移栽机、施肥机、耕整机 5 个农机装备领域的国内外已授权专利进行实证分析；以德温特专利数据库作为专利数据检索平台，在专利分析师和5个农机领域的技术专家参与下进行专利检索与分析;遴选10件具有代表性的专利做样本,基于所构建的指标体系采用模糊综合评价法计算样本专利得分;进一步将计算得分与农机专家打分结果进行对比分析,验证所构建的指标体系的合理性。

（5）专利价值评估建议与决策参考

为专利权是否继续维持、专利交易买卖双方各自提供具有针对性的专利价值评估建议与决策参考,可提升专利运营买卖双方的满意度、提高专利运营转化的成功率,最大化专利的长远利益。

专利卖方要将专利成功营销出去,建议注重以下3个方面:需注重自身技术研发提高专利技术水平,满足专利购买者最基础的属性价值;需从顾客感知价值的不同方式出发,分析购买者的不同需求,认识在不同的环境中专利实现价值方式的异同性;申请或开发一项专利技术时,应当对其所处技术生命周期和行业发展态势进行考察,准确分析该技术的发展前景和相关产品的市场情况,关注政府相关产业政策,促进专利技术与政策的融合性,让专利技术处于良好的社会环境中不仅能更好地实践专利价值,而且能有效降低技术和市场风险。

专利买方要实现专利价值最大化,建议注重以下3个方面:需重视专利技术本身的创新程度和专利权人总体的实力水平;应当把专利放在一个动态环境中,分析专利技术所处的技术生命周期、专利所属行业的态势发展、相关产品的市场占有能力和市场需求度,以减少对他人技术的依赖,避免购买后不能实施的可能;关注国家政策、研发补贴和税收优惠等,适当抓紧时机,注重专利的潜在价值,进行专利投资,从而有利于专利购买后的潜在长远利益的实现,即专利的隐性价值的实现。

目　录

第1章　引　论

1.1　研究背景

　　知识产权运用已成为创新驱动发展的关键。自21世纪初以来,科技创新已成为提高社会生产力和综合国力的战略支撑。随着经济时代的到来,越来越多的国家认识到知识产权是最具价值的财产形式,未来全球竞争的关键就是经济的竞争,经济竞争的实质是科学技术的竞争,科学技术的竞争归根结底就是知识产权的竞争。因此,许多国家,尤其是发达国家已把知识产权保护问题提升到国家大政方针和发展战略的宏观高度,把创新驱动发展作为其在科技、经济领域夺取和保持国际竞争优势的一项重要战略措施。2008年国务院颁布的《国家知识产权战略纲要》对我国知识产权的创造、运用、保护和管理等进行了明确的规定。2016年李克强总理在全国人大会议《政府工作报告》中提出加快建设知识产权强国,明确要求通过知识产权价值评估等战略措施来实现知识产权转化和运用;习近平总书记在党的十九大报告中强调增强企业创新和知识产权创造、保护、运用能力,通过知识产权制度促进创新,坚持知识产权强国战略[1]。可以看出,知识产权的运用已成为我国创新驱动发展的关键。而专利是知识产权最核心、最重要的组成部分,不仅代表着国家的创新能力,也是企业运用专利战略构建市场优势、进行经济转型升级、谋求持续性发展的重要武器。

　　我国在专利方面发展迅速,专利申请数量从20世纪90年代开始爆炸式增长,申请数量从 1995 年的 8 万多件迅速增长到 2018 年的近 437 万件。此外,我国的国际申请专利情况处于不断增长的趋势。表 1.1 显示了我国截至 2018 年 12 月 31 日的各类专利申请量及增长率。

表 1.1 2018 年中国专利申请量及增长率

	发明专利	实用新型专利	外观设计专利	PCT 国际申请
申请数量	154.2 万	207.2 万	70.9 万	5.5 万
增长率/%	11.6	22.8	12.7	9.0

在专利数量爆炸式增长的同时,世界各国开始从关注专利数量到关注专利质量。盲目追求专利数量而忽视质量反而会遏制创新,引起众多矛盾纠纷,浪费社会资源。因此,很多发达国家开始调整专利战略,发展质量导向型战略,从而专利质量和专利价值评估成为知识产权领域研究的热点和焦点问题。我国《国家知识产权战略纲要》的颁布也意味着我国进入了对专利质量重视的新发展阶段。在此背景下,我国的授权专利中发明专利的比例不断提高,说明在我国的经济体系中,自主创新所占比例不断增大;在国际申请方面,我国的国际专利申请量在与发达国家的竞争中也占有一席之地。

在创新驱动发展和专利数量增长迅猛的时代,专利的重要性不言而喻。通过专利创造竞争优势在各国、各地区科技竞争中的重要性日益凸显。专利作为一种智力劳动成果,往往以有偿的方式在不同的经济主体间转移,即专利交易。随着专利等技术交易的不断扩大,专利在企业占领市场、发挥垄断威力、获取经济利益等方面起到越来越重要的作用。专利一旦进入资本市场进行商业活动,就在交易过程中成为一种特殊的商品。在分析竞争对手或分析并购对象专利的价值、专利资产出资、专利的质押融资、上市公司无形资产评估、专利权的转让与许可等过程中,均需要对专利价值进行评估。因此,采取何种方式对专利价值进行评估就显得尤为重要。科学合理的专利价值评估结果是保障各项经济活动正常有效进行的基础。

专利价值的衡量与评估具有复杂性、失效性、地域性和不确定性等特点[2]。关于专利价值的评估体系和方法,目前的研究还没有公认的、统一的科学定论,其研究依然处在不断探索和完善的阶段。

1.2 概念界定

在对某项专利价值进行评估之前,首先要明确专利价值的构成要素,即需要对专利价值的本质含义进行界定。价值是一个具有主观性且概念较为抽象的概念,在哲学领域,价值被定义为客体之于主体所体现的积极性和有用性[3]。同理,专利作为一项特殊的商品,无论是对专利的发明人还是对专利权人来说,专利价值都是可以在商用过程中用货币形式衡量出来的。现有的专利价值的内涵界定归纳为 3 个视角:① 从专利所包含的技术创新水平出发,认为专利价值的主要来源是专利拥有者对专利技术进行转让等活动,在技术交易市场获得的利润收益[4]。② 从专利经济效用角度出发,用实施专利可能带来的收益来判定专利价值,如学者万小丽、朱雪忠认为专利价值就是专利在运营过程中为企业带来的盈利及对企业发展战略所做的贡献[5]。③ 从专利垄断性出发,认为专利价值体现在专利权上,根据专利权阻碍竞争对手进入专利技术领域,使拥有该专利权的企业或单位的经济地位不受侵犯。如学者 Wang 认为,专利价值可通过法院判决、权利要求的语言、专利族、专利组合、专利引证等指标来衡量[6]。

现有研究对专利价值的内涵并没有形成统一规范的定义,但学者们都认同专利包含技术创新价值、市场运营时的经济价值及专利垄断性带来的法律价值。本书将基于马克思“劳动价值论”剖析专利价值。

(1)专利静态价值

专利价值中有一部分不以时间、市场成熟度,以及购买者购买和实施目的等外在因素不同为转移的价值,称为专利静态价值。专利静态价值的核心是专利技术水平本身的高低,不因外界其他环境条件和时间的变化而变化。对专利技术水平本身的评估是专利价值评估的重要方面。专利价值除了受专利技术水平的重要影响,还受到其他多方面因素的影响和制约。

(2)专利动态价值

购买时机不同、市场成熟度不同、购买者的购买目的和实施能力不同、行业发展态势不同等会导致同一件专利最终的实现价值不同,专利中这部分受外围因素所影响的波动价值为专利动态价值。

(3)专利隐性价值

在投资学中,隐性价值至关重要。一般来说,显性价值表示当前利益,隐性价值表示长远利益。本书中专利的隐性价值是指那些被潜在隐性因素所影响的专利价值部分,能为专利权维持者或专利交易的买卖双方增加长远利益。专利隐性动态价值是指专利价值中随着时间或外界环境变化而改变的那部分长远利益;专利隐性静态价值是指专利价值中不因时间或外界环境变化而改变的那部分长远利益。

1.3 研究目的与意义

1.3.1 研究目的

本书的研究目的是进一步挖掘专利价值的隐性静态影响因素和隐性动态影响因素,完善专利价值评估的指标体系,提高权重设置和价值计算方法的科学性,从而提高整个专利价值评估的科学性、全面性、准确性、针对性、目的性和应用性,并为专利交易中买卖双方实现专利利益最大化及长远利益提供专利价值评估定价决策参考。

1.3.2 研究意义

本书基于精细加工可能性模型,构建专利技术水平评估的中枢指标和边缘指标,特别是中枢路径中新增的专利技术创造性程度指标,为技术水平评估提供新的思路方法和理论参考,同时为专利价值评估提供新的视角、提升评估的科学性;从专利权人视角挖掘专利的隐性静态价值,完善专利静态价值评估指标体系,为专利静态价值评估提供理论方法、依据和实践指导,提高静态价值计算的科学性和全面性;基于顾客价值理论构建专利价值评估指标体系,以挖掘出隐藏的专利动态价值,丰富专利价值评估的方法模型,在更大程度上完善评估指标体系,进一步提升专利价值评估的目的性和准确性。为专利交易双方提供专利价值评估决策参考,具有现实指导意义,促进专利交易,并促进专利交易双方利益的最大化。为专利价值评估提供一般的科学参考流程,明确专利价值评估参与主体及其职责、各评估环节的注意重点,提供专利价值评估打分的具体实施步骤,进一步提高专利价值评估的针对性、目的性、适用性和可操作性。

1.3.3　学术价值

本书在专利价值评估的视角、方法、路径等方面具有重要的理论价值,可推进专利价值评估理论的发展;对专利交易实践中专利价值评估指标的选取、交易双方对专利价值的评估定价决策参考等具有现实指导意义。

（1）理论价值

① 提出利用马克思"劳动价值论"并从投资学视角剖析专利价值的内涵,深化了专利价值的内涵与外延,从而为专利隐性价值评估提供新的视角。

② 基于精细加工可能性模型（ELM）构建专利技术水平评估的中枢指标和边缘指标,夯实了专利隐性静态价值中专利技术水平指标分值计算的理论基础。

③ 进一步提出从待评估专利、引用专利和被引用专利的专利权人实力视角分析专利静态价值,拓展了专利隐性静态价值的研究路径。

④ 运用顾客价值理论,立足于专利交易的买卖双方利益,研究

专利价值随时间推移而变化的隐性影响因素,为专利隐性价值研究提供新的视角和理论依据。

（2）实践意义

① 挖掘了专利的长远利益即隐性价值的影响因素,可提升专利价值评估的全面性。

② 通过对动态和静态隐性指标的研究,构建了专利隐性价值指标,很大程度上可完善评估指标体系,提升专利价值评估的目的性和准确性。

③ 为专利价值评估提供一般的可操作方法流程,可提高评估的实践指导性和科学性。

④ 为是否继续维持专利权、专利交易买卖双方专利价值评估提供建议与决策参考,可提升专利运营买卖双方的满意度,提高专利运营转化的成功率,扩大专利带来的长远利益。

1.4 研究思路与方法

1.4.1 研究目的

本书结合情报学、经济学、投资学、统计学、市场营销学等学科相关知识和方法,从专利技术水平、专利隐性静态价值、专利隐性动态价值等角度对专利价值评估指标体系和计算方法进行理论分析和实证研究,深入剖析专利价值评估过程中的显性和隐性的影响因素,并为专利交易中买卖双方提供专利价值评估方法建议和参考,以期为专利价值评估提供更完善的评估指标体系和方法,提高专利价值评估的科学性、目的性、针对性、可操作性。

1.4.2 研究思路

总体研究思路如图 1.1 所示。全书以提出问题、分析问题和解决问题的研究思路对专利价值评估问题展开研究。首先对现有的专利价值评估方法和专利技术评估方法进行梳理,包括专利价值、专利静态价值、专利动态价值、专利技术水平的概念及其相互关系界定,明确研究内容与对象。然后对专利价值评估的影响因素进行分析,进一步挖掘专利评估的技术水平指标、静态价值指标、动态价值指标,将精细加工可能性模型、文本相似度计算方法、顾客价值理论、劳动价值论等引入专利价值评估,并提供相关计算方法。

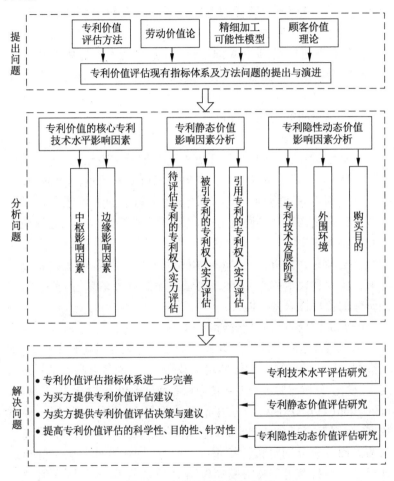

图1.1 本书的研究思路框架

1.4.3 研究方法

本书在借鉴国内外研究成果的基础上,对专利隐性价值评估的指标体系和方法进行较深入、系统的研究,探讨影响专利价值的隐性静态和动态因素及内在联系,主要应用了以下研究方法。

（1）文献调研与内容分析

通过文献调研,广泛搜集国内外相关文献资料,包括专利价值评估指标体系和方法,镜像跟踪国内外在专利价值评估领域的研究前沿动态,通过对国内外相关文献的搜集、整理、分析、提炼与总结,夯实本书研究的理论基础;提出对专利技术具体内容深入解读、对专利申请时审查意见和答复意见的内容分析,评估专利技术水平及创造性。

（2）理论研究与实证分析

综合应用情报学、经济学、投资学、市场营销学、统计学、数学、计算机科学、专利检索与专利分析等基本理论和方法,并进行实证分析。在马克思"劳动价值论"视角下剖析专利价值的内涵、投资学视域下剖析专利隐性价值的概念,运用精细加工可能性模型和顾客价值理论构建专利隐性静态和动态价值指标体系。选取典型专利案例和典型农机领域专利进行实证分析,并将实证计算结果分别与美国专利分析公司 Patent Result 的计算结果、专利技术领域专家解读专利技术内容后的二次综合评估打分结果进行比较,验证研究的合理性、科学性。

（3）定性分析与定量分析

本书综合运用多种学科知识,不仅注重思辨性的定性分析,还通过检索统计和计算得到指标的定量数据,并结合专家调查结果进行定义、量化、分析与验证。基于德温特专利分析和评估数据库 Thomson Innovation（TI）、LexisNexis 法律信息检索平台,获取专利相关检索数据;运用专家打分法,即专利评估领域专家和专利技术领域专家两方面专家分别对指标权重参与打分,构建古林 – 层次分析法计算各级指标权重;采用模糊综合评价法计算出专利价值评估分值。

1.5　研究内容与特色

1.5.1　研究内容

本书通过文献调研,阐明相关背景及意义,对国内外相关研究成果综合述评,明确本书的研究对象和范围;在马克思"劳动价值论"视角下,重新剖析专利价值及专利隐性价值的内涵,优化专利技术水平评估方法,挖掘专利隐性静态价值和隐性动态价值的评估指标和方法,并在此基础上为专利交易双方专利价值评估分别提供建议与决策参考。本书研究内容的具体思路如图 1.2 所示。

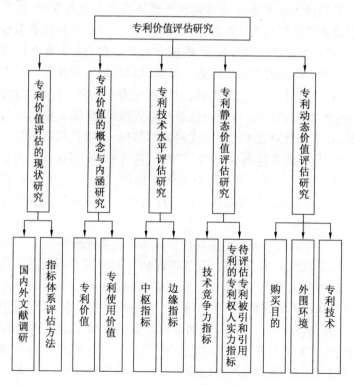

图 1.2　本书的研究内容

具体包括以下几个方面的主要研究内容：

（1）专利隐性静态价值内涵研究

马克思"劳动价值论"认为商品具有价值和使用价值二重性。使用价值是可供人类使用的价值，是商品的自然属性，具有不可比较性；价值是商品的社会属性，构成商品交换的基础。本书在劳动价值论视角下，剖析专利的价值和使用价值；结合投资学视角，剖析专利隐性价值的内涵；明确：专利技术及其法律效应是构成专利的价值基础，专利的经济价值是专利的使用价值的体现，很多外围环境因素会影响专利长远利益的实现，即影响专利隐性价值的实现。

（2）专利技术水平评估指标体系及实证研究

专利技术水平本身随时间和外界环境的变化而变化，是专利静态价值评估指标的重要部分。从具体某一授权专利技术本身出发，对技术方案进行深入解读，挖掘专利各要素与技术水平评估的关联因素。运用精细加工可能性模型（ELM）划分构建专利技术水平评估的中枢指标和边缘指标：中枢指标为专利创造性程度指标，包括专利文献相似度、审查员创新性审查意见、申请人创造性答复意见、技术人员对技术内容深度解读等指标；边缘指标包括技术生命周期、技术覆盖范围、权利要求项、同族专利、专利权人实力和专利法律状态等指标。进一步对各级指标深入分析，计算中枢指标和边缘指标分值，再加权求和并进行实证。指标权重设置依评估目的不同而异。

（3）专利隐性静态价值评估指标体系及实证研究

在专利权人实力视角下，从待评估专利所属专利权人实力和该专利技术水平2个维度研究专利隐性静态价值。将待评估专利所属专利权人的规模、专利申请量、专利平均施引率、平均引用率和平均同族专利数，以及待评估专利的施引专利、引用专利和同族专利数，共8个要素进行检索、分析与组合；分析待评估专利所属专利权人实力、待评估专利的施引专利所属专利权人实力、待评估专利引用的专利所属专利权人实力对专利价值的影响，构建专利隐性静态价值评估指标并实证研究。

（4）专利隐性动态价值评估指标体系及实证研究

顾客价值理论视域下挖掘专利隐性动态价值：从顾客价值的驱动因素出发，设置专利购买者的价值驱动要素，包括专利技术、外围环境、购买目的；重点从购买目的角度构建指标体系，将购买目的分为生产经营（包括生产销售、技术转让、产品升级）、品牌效应（包括增加专利储备、构建技术壁垒、增加产品附加值）、长短期投资（包括获得政策扶持、专利许可费、专利质押融资）；分析同一专利在不同时期、不同购买者实施能力、不同购买目的、不同外围环境等隐性因素对其长远利益的影响，构建专利隐性动态价值评估指标体系。

以农机领域专利为例进行实证分析：选取播种机、插秧机、移栽机、施肥机、耕整机 5 个农机装备领域的国内外已授权专利进行实证分析；以德温特专利数据库作为专利数据检索平台，在专利分析师和 5 个农机领域的技术专家参与下进行专利检索与分析；遴选 10 件具有代表性的专利做样本，基于所构建的指标体系采用模糊综合评价法计算样本专利得分；进一步将计算得分与农机专家的打分结果进行对比分析，验证所构建指标体系的合理性。

（5）专利价值评估建议与决策参考

本书为专利权是否继续维持、专利交易买卖双方各自提供具有针对性的专利价值评估建议与决策参考，让专利卖方将专利成功营销出去，并使买方实现专利价值最大化。本书可提升专利运营买卖双方的满意度，提高专利运营转化的成功率，最大化专利的长远利益。

专利卖方要想将专利成功营销出去，建议注重以下 3 个方面：

① 需注重自身技术研发，提高专利技术水平，满足专利购买者最基础的属性价值。

② 需从顾客感知价值的不同方式出发，分析购买者的不同需求，认识在不同的环境中专利实现价值方式的异同性。

③ 申请或开发一项专利技术时，应当对其所处技术生命周期和行业发展态势进行考察，准确分析该技术的发展前景和相关产

品的市场情况,关注政府相关产业政策,促进专利技术与政策相融合,让专利技术处于良好的社会环境中不仅能更好地实践专利价值,而且能有效降低技术和市场风险。

专利买方要想实现专利价值最大化,建议注重以下 3 个方面:

① 需重视专利技术本身的创新程度和专利权人总体的实力水平。

② 应当把专利放在一个动态环境中,分析专利技术所处的技术生命周期、专利所属行业的态势发展、相关产品的市场占有能力和市场需求度,以减少对他人技术的依赖,避免购买后不能实施的可能。

③ 关注国家政策、研发补贴和税收优惠等,适当抓紧时机,注重专利的潜在价值,进行专利投资,从而扩大专利购买后的潜在长远利益,即更好地实现专利的隐性价值。

1.5.2　研究特色

依据前面研究意义和主要研究内容的论述,本书主要在以下几个方面有所创新:

(1) 马克思"劳动价值论"和投资学视域下专利价值内涵与外延的剖析

现有研究将专利价值基本分为技术价值、经济价值和法律价值,对专利价值的内涵有待深入挖掘。本书在马克思"劳动价值论"视角下,将专利价值划分为专利价值基础(专利技术水平和法律价值)和使用价值(因专利交易买卖实现的受益,包括买卖双方和行业领域、社会的受益);在投资学视域下,剖析专利隐性价值即专利长远利益的实现,丰富了专利价值的内涵与外延。

(2) 基于精细加工可能性模型(ELM)的专利技术水平评估指标及方法研究

现有研究主要依赖专家意见进行定性研究,定量研究少,主观性强、可操作性有待提高。本书利用 ELM 将专利技术水平评估指标划分为中枢和边缘指标:中枢指标为创造性程度指标,提出通过将对技术内容的深度解读,结合专利相似度、审查员关于创新性审查意见、申请人关于创造性意见陈述等隐性影响因素,更客观地综合评估专利创造性程度;边缘指标为不涉及专利具体技术特征的指标,包括生命周期、技术覆盖范围、权利要求项、同族专利、专利引证情况、专利权人实力、法律状态等。运用 ELM 深化了专利技术水平评估研究,并为专利隐性静态价值研究打下基础。

(3)专利权人实力视角下的专利隐性静态价值评估指标及方法研究

专利静态价值是指专利价值中不会随着时间的推移而改变的那部分价值。现有的研究往往着眼于与待评估专利直接相关的显性因素,忽视了很多隐性因素的影响。本书在专利技术水平评估研究基础上,进一步在专利权人实力视角下,聚焦专利权人的规模、专利申请量、专利平均施引率、平均引用率、平均同族专利数、施引(被引)专利数、引用专利数、同族专利数这专利权人实力八要素,分别分析待评估专利、待评估专利的施引专利、待评估专利引用的专利所属专利权人实力八要素对专利价值的静态隐性影响,构建评估指标体系和计算方法,并进行实证分析,拓展了专利隐性静态价值研究思路。

(4)基于顾客价值理论的专利隐性动态价值评估指标及方法研究

专利隐性动态价值受到很多隐性因素影响,在现有研究中还未得到应有的关注和重视。本书引入顾客价值理论,提出专利技术、外围环境、购买目的这三大驱动因素及其对专利价值评估的影响;分析同一专利在不同市场成熟期、不同购买者实施能力、不同购买目的、不同社会环境等背景下的不同价值,从而进一步深入挖掘专利隐性动态价值,提高评估的针对性和准确性。

1.5.3 主要观点

(1)马克思"劳动价值论"为剖析专利价值内涵提供新的视角

伴随着知识经济时代的发展,知识产权已成为世界各国经济竞争的战略制高点。专利创造竞争优势在各国、各地区的科技竞争中的重要性日益凸显。专利以有偿的方式在不同的经济主体间转移,使得专利成为一种特殊商品。马克思"劳动价值论"视角下的专利价值体现在以下两方面:专利自身所包含的技术创新水平和法律独占性带来的垄断收益,构成专利价值基础;专利作为无形资产在市场中进行专利抵押、转让、融资等交易活动实现的使用价值。

(2)专利价值评估中其隐性静态和隐性动态价值均不容忽视

影响专利价值的因素是多方面的,包括很多隐性的动态和静态的影响因素,这正是专利价值评估的难点所在。专利价值不仅会受到技术环境的影响,还会受到专利权人实力影响及动态变化的社会和市场环境制约。现有专利价值评估主要是从专利影响因素出发构建指标体系,在此基础上继续挖掘新指标或者着重在某个行业开展实证研究,忽视了不同购买者的实施能力、不同购买目的等对专利价值的影响。

(3)顾客价值理论适于挖掘专利的隐性动态价值

顾客价值理论将整个营销过程看成是一个价值感测、价值创造和价值传递的过程。引入顾客价值理论构建专利价值评估指标体系,继续扩充专利技术、外围环境、购买目的三大驱动因素;分析同一专利在不同时期、不同购买者实施能力、不同购买目的、不同社会环境等背景下的不同价值,进一步挖掘出专利的隐性动态价值,完善了专利价值评估的指标体系。研究表明,顾客价值理论适于挖掘专利的隐性动态价值。

(4)专利交易中买卖双方要达到专利价值的最大利益化需各自注重关键方面

对于专利卖方而言,要将专利成功营销出去需注重:自身专利技术研发,提高专利技术水平,满足专利购买者最基础的属性价值;要从顾客感知价值的不同方式出发,分析购买者的需求,认识在不同的环境中专利实现价值方式的异同性;申请或开发一项专利技术时,应当对其所处的技术生命周期和行业发展态势进行考察,准确分析该技术的发展前景和相关产品的市场情况,关注政府相关产业政策,促进专利技术与政策相融合,让专利技术处于良好的社会环境中不仅能更好地实践专利价值,而且能有效降低技术和市场风险。

对于专利买方而言,想要更好地实现购买专利的价值需考虑:专利技术本身的创新程度和专利权人总体的实力水平;把专利放在一个动态的社会环境中,分析专利技术所处的技术生命周期和专利所属行业的发展态势,分析专利的潜在价值;调研相关产品的市场占有能力和市场需求度,减少对他人技术的依赖,避免购买后不能实施的可能;关注国家政策、研发补贴和税收优惠等,适当抓紧时机,注重专利的潜在价值,进行专利投资,从而扩大专利购买后的潜在实现价值。

本章主要参考文献

[1] 谭劲松,赵晓阳. 企业专利战略与环境匹配:前沿述评与展望 [J]. 外国经济与管理,2019,41(1):3-15.

[2] 胡小君,陈劲. 基于专利结构化数据的专利价值评估指标研究 [J]. 科学学研究, 2014,32(3):343-357.

[3] 冯契. 哲学大辞典(上)[M]. 上海:上海辞书出版社,2001.

[4] Bessen J. The Value of US Patents by Owner and Patent Characteristics[J]. Research policy,2008,37(5):932-945.

[5] 万小丽,朱雪忠. 专利价值的评估指标体系及模糊综合评价 [J]. 科研管理,2008,29(2):185-191.

[6] Wang Shyh-Jen. Factors to Evaluatea Patent in Addition to Citations[J]. Scientometrics,2007,71(3):509-522.

第 2 章 专利价值评估研究文献综述

　　采用文献调研法,在明确研究主题(专利价值)的基础上,首先对现有专利价值相关文献调研,运用主题字段检索,检索词为"patent value""专利价值",检索时限为"2000—2018"。外文文献检索基于 Web of Science(SCIE,SSCI,AHCI)数据库,包括期刊论文和会议文献,经筛选获得 4 235 篇相关文献;中文文献检索基于中国期刊全文数据库(CNKI),包括期刊论文、硕博士论文,获得 1 437 篇相关文献。

　　调研发现,国内外学者研究"专利价值"的文献数量一直在不断增长,如图 2.1 所示。

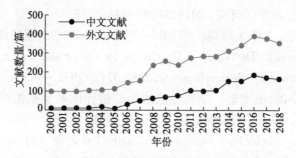

图 2.1　专利价值相关国内外发文趋势

2.1　专利价值评估方法

　　专利价值具有时效性、不确定性和模糊性的特点[1]。目前,关于专利价值评估的方法主要包括以成本法、市场法、收益法为代表的传统货币评估方法和以股市交易价值评估中的期权法为代表的新型评估方法。现有方法主要是用货币形式定量化地表现专利的各项价值[2],其评估特点如表 2.1 所示。

表 2.1　专利价值评估方法

评估方法	方法特点	使用局限	代表人物
成本法	以摊销为目的的评估方法,多用于无法确定市场收益及市场预测的技术转让活动	忽视专利及相关产品的市场需求和经济效益	胡琴等[3]、陈文婷[4]、王济霞[5]
市场法	从市场角度评估专利价值,以已完成的相似度较高的专利交易为参照物,再结合评估对象特点做出综合性评估	专利技术信息不完备,可信度和可用性难以保障	靳晓东[6]、张艳玲[7]
收益法	通过估算被评估资产未来预期收益并折算成现值	得出预期收益折现需要进行大量计算	冯丽艳[8]、张彦巧等[9]
实物期权法	评估专利价值不仅包括生产收益,还包括选择决策权带来的期权价值	无法彻底解决在对未来预期收益进行预测时的不确定性问题	于谦龙等[10]、邢小强等[11]

在用货币形式定量化地评估专利价值时,用成本法计算专利技术商品重置完全成本构成、数额及相应的贬值率,以先前的成本和趋势为基础,忽略了市场变化及其他相关产品的市场环境对其价值的影响。市场法虽然可以直接体现出专利技术产品的市场需求,但是专利本身具有技术价值和法律价值,法律保护范围或是应用领域的细小变化都会造成经济效益误差,因此,使用市场法进行专利价值评估时很难找到相似的资产交易数据作为评估参考物。收益法虽然在某种程度上解决了成本法和市场法不考虑未来收益风险的问题,但由于其计算过程包括利润分成率等参数需要进行大量估算,容易造成计算偏差等问题。期权法涉及众多数学模型,参数设置较为烦琐,易出错,参数的不确定性会影响专利价值判断的准确性。由于专利制度、专利市场不完善,资产评估方法在专利价值评估时具有一定的局限性,实际操作难度较大,且专利生命周期

较长,随着时间的变化,专利价值影响要素也会随之改变。笔者认为,在进行专利价值评估时,需要根据不同环境中专利的评估目的、评估特征选用适当的评估方法衡量专利价值。

除此之外,专利价值的评估还包括对专利价值的影响因素分析,筛选具体指标构建专利价值评估指标体系的评估方法。

2.2 专利价值评估指标

公开的专利文献中包含大量具体的专利信息,其指标数据不仅能反映出专利质量水平,也同样可用于衡量专利价值[12]。专利数据库的完善保障了专利文献的可得性。从专利价值影响因素入手,结合评估对象特点选取细化指标,围绕指标体系构建的基本原则构建指标体系的评估方法成为专利价值评估领域的研究热点。早在20世纪70年代,美国知识产权咨询公司CHI与美国国家科学基金会(NSF)联合开发了全球第一个包括专利数量、专利平均被引用数、当前影响指数、技术实力、技术生命周期、科学关联性和科学强度7个指标的专利指标评估体系[13],用于评估公司或国家和地区的知识产权综合实力,并以此指标体系为基础评估公司的无形资产价值。在CHI专利评估指标的基础上,国内外学者对专利价值指标的研究大致可以分为三大类。

第一类:在分析专利价值的影响因素的基础上构建专利价值评估指标体系。

Park Y等把无形资产的影响因素分成与技术本身的内在特征有关的固有因素和与技术使用相关的应用因素,具体包括技术发展水平、技术标准化情况、技术类型、技术应用范围和完善程度等指标[14]。Harhoff等认为专利作为一种无形资产,在进行价值测度时应当考虑专利产品成本、市场预期值及产品的未来市场竞争力对价值的影响[15]。Hou等在此基础上对其进行改善,将主要影响因素划分为技术因素、市场状态、法律因素和技术转移这四大相关因素[16]。Thoma将其细分为技术、环境背景、专利申请程序等类别,采用专利组合方法构建一套专利价值评估体系[17]。Chen 等研究了专利质押贷款中的专利价值评估活动,从法律、市场、技术层面构建了一套专利价值评估模型[18]。国内学者李振亚等提出专利价值影响因素的“四要素说”,分为专利技术质量、市场价值、技术可替代性和专利保护强度,通过定量计算的方法评估专利价值[19]。李秀娟从多角度分析了专利评估的一些影响要素,主要考虑与专利技术本身有关的因素、与企业相关的因素、与交易有关的因素和与评估风险相关的因素对专利评估的影响[20]。张希等学者将经济学理论引入专利价值评估中,用经济学视角分析专利价值影响要素,以此为基础选取适当指标,通过实证说明指标与专利价值间的关系[21]。靳晓东以被证券化专利的价值为研究对象,将被证券化专利的价值影响因素分为法律、技术和经济 3 个方面[22]。吕晓蓉以专利价值变量为切入点,从技术价值、市场价值和权利价值 3 个维度建立专利价值评估指标体系[23]。杨丹丹从专利数量、质量、价值 3 个方面设计构建了专利评估指标体系[24]。张娴等以专利文献作为研究对象,对专利文献价值评估进行了确定与量化,通过遴选设计评估指标,构建指标体系,确定指标权重,建立了专利文献价值评估模型[25]。马力辉等从法律、技术、市场和企业角度阐述专利价值的影响因素[26]。

　　第二类:构建一套专利价值评估指标并着重从不同维度进行实证研究。

　　Chiu 等从技术特征、成本、产品市场和技术市场 4 个维度,利用 AHP 分析方法,构建了专利资产评估模型[27]。Meyer 等提出对价值评估时应当考虑专利引文、专利家族、专利诉讼等数据对专利价值进行测评,并以英国 4 所大学为实证研究对象,验证指标理论上的可行性[28]。Chang 等对制药行业的专利数据进行分析,验证了专利引用情况与专利价值之间存在正相关关系[29]。Lee 等以新能源产业为实证对象,采用 6 项专利指标测度该行业的技术创新与经济增长的内在关系,为该行业的长久发展提供了参考[30]。Messinis 采用实证对比分析了专利引用、专利自引和三元(美、日、欧）引证对专利价值的影响作用,得出三元引证与专利质量更为相关的结论[31]。Albino 等采用实证分析法,以美国生物技术实业专利价值交易信息为研究对象,发现专利技术质量、专利技术宽度、专利依存度、专利索赔数、专利法律宽度、专利创新性指标对专利价值影响显著[32]。Reitzig M 以半导体行业作为实证分析对象,发现专利的新颖性和专利技术创新程度和该行业的专利交易价值正相关,并提出专利交易价值分化理论[33]。Chen 等探讨了医药行业的专利价值,以医药领域的专利交易数据为基础分析企业的市场价值,并将神经网络计算方法引入医药专利价值计算[34]。

在国内,李云梅等探讨了技术创新性企业的专利价值评估方法,以层次分析法为模型构建基础,建立了一套面向技术创新型企业的专利价值评估体系[35]。张克群等认为对不同技术发展阶段的专利价值影响因素的差异研究较少,故选取美国 LED 专利作为样本,从不同的技术发展阶段分析专利的动态性指标对专利价值的影响[36]。马廷灿等提出新的专利质量评估指标分类体系,并在稀土永磁战略材料技术领域进行实证分析[37]。张古鹏等选取新能源领域中最常见的风能和太阳能为研究对象,使用专利存续期长度作为专利质量的评估指标[38]。陈海秋等以机械工具领域中的发明专利为分析对象,以专利文献中早期可获得的经济或技术信息为基础,构建出专利质量早期表征指标[39]。杨思思等根据国家知识产权局的专利价值分析指标体系[40],以及多位学者的研究观点,兼顾操作成本和评估的可操作性,从先进性、依赖性、技术发展前景、使用范围、可替代性、成熟度、配套技术依存度、产业集中度 8 个方面研究专利的技术价值度[41]。

第三类:在现有的指标研究基础上不断提出新的指标。

Nordhaus 提出专利寿命是专利价值的重要影响因素,认为专利寿命主要是指专利权的存活期,而专利权的维持需要缴纳一定的专利费用[42]。专利被引频次与专利价值的显著正相关关系已在相关实证研究中得到较为普遍的支持[43],一项专利被引次数越多往往表明该专利对后续发明创造的影响越大,具有更高的价值。专利被引次数受时间因素的影响较大,一般时间越久,专利被引次数会越高;为了消除时间、技术领域等各种因素造成的影响,Hall等率先系统阐述时间截断、引文膨胀和行业差异对专利被引次数的影响,在此基础上提出相对被引次数的指标来修正一般概念下的专利被引频次[44]。Potterie 提出年度范围指数,主张利用专利族数量和申请时间 2 项指标来衡量专利价值,并采样分析欧洲专利局的专利数据验证其合理性[45]。Chen 等用优质专利指数(EPI)来表征专利绩效,考虑谁引用专利及何时引用专利的问题,使专利引证数据能更准确地反映专利价值[46]。Beaudry 等提出重要发明人和明星发明人的概念,认为发明人比例、发明人之间的重复合作及国际合作关系都会对专利价值产生影响,从而成为影响专利价值的因素[47]。Guan 等将 h 指数引入专利价值评估中,并通过实证研究论证其与专利数量、引用数量和平均同族专利数之间的关系[48]。Chen 等对专利引用指标进行改良,论证了专利后向引用在技术创新度评估中的重要作用[49]。Agliardi 等将专利诉讼作为一项指标引入专利价值评估中,以达到辨别高价值专利的目的[50]。Llanes等提出权利要求数量能反映出技术创新水平,认为专利权数量越多,专利的质量也往往越高[51]。Kapoor 等构建了一套针对风能专利的专利价值评估指标体系,通过对专利信息的梳理整合,采取前向引证分析、专利家族和国际专利分类法 3 个较为新颖的指标[52]。O'Neale 等引入专利幂指数分布作为专利价值评估中的一个新指标[53];Van Zeebroeck 验证了专利诉讼情况与专利价值的关系,发现具有潜在价值的专利会遇到更多的纠纷和诉讼[54]。

　　在国内,杨丹丹结合我国科技评价的迫切需求和现存指标体系的缺陷,提出在构建指标体系时应当加入学术价值度指标、构建专利价值分析指标库及专利计量与专家评分相辅相成 3 个建议[55]。张广安认为应当将专利授权率即授权专利占申请专利的比例作为专利价值评估指标[56]。胡谍、王元地提出,由于发明专利的技术性与进步性相较实用新型和外观设计专利更高,应将有效发明专利的占比也纳入评估的指标体系[57]。宋河发等学者提出了一套包含发明创造质量、文件撰写质量、审查质量和经济质量的专利质量评估指标体系[58]。李春燕、石荣认为应考虑专利的纠纷案件数量、专利诉讼胜诉情况及抵御专利异议的情况[59]。王浩提出采取"基本属性指标＋扩展（应用场合）指标"的方法来评估专利价值[60]。陶华认为专利转化率是衡量专利质量的重要指标,应强调专利转化为现实生产力和实现社会经济价值的程度[61]。乔桂银提出应综合考虑专利技术利用率、专利技术转化能力、专利技术市场需求度和专利技术市场垄断度对专利质量进行评估[62]。吴红等对专利维持时间进行无量纲化,提出用"专利优势度"代替专利维持时间评估专利质量,并对此进行论证和实证分析[63]。杨思思等根据生物芯片领域专利运营经验和生物产业发展状况与行业特点,选取市场应用情况、专利申请规模、专利占有率、竞争情况、政策适用性、专利权人能力、专利需求7个指标评估专利经济价值度[64]。李丹提出从专利价值评估的角度认定专利领域市场支配地位,重点考察技术维度的专利创造性、独立性、垄断性、成熟性,法律维度的专利的法律状态、类型、保护范围、异议和诉讼状况,经济维度的专利的经济寿命、宏观经济因素和市场因素[65]。

现有主要专利价值评估指标梳理后如表2.2所示。

表2.2　现有专利价值评估指标

一级指标	二级指标
数量类指标	主要有:发明专利申请量（率）、实用新型专利申请量（率）、外观设计专利申请量（率）、专利投入量、专利增长率、专利投入增长率、技术份额、专利环比增长率、投入环比增长率
质量类指标	主要有:发明专利授权量（率）、实用新型专利授权量（率）、外观设计专利授权量（率）、发明专利第 N 年存活量（率）、实用新型专利第 N 年存活量（率）、外观设计专利第 N 年存活量（率）;专利引文数量、当前影响指数、技术强度、技术周期、科学关联度、科学强度、相对研发能力、产业标准化指标、技术范围、技术覆盖范围、PCT 专利数（率）、最具影响力专利数、跨国合作专利比例

续表

一级指标	二级指标
价值类指标	主要有:专利新颖性、专利权人、专利技术竞争力、发明专利自实施量(率)、发明专利许可实施量(率)、发明专利权转移量(率)、发明专利质押量(率)、发明专利无效请求量(率)、第 N 年存活量(率)、发明专利平均寿命、发明专利对外申请量(率)、专利产品产值、专利产品增加值、专利产品增加值占GDP 的比重、研发效率、专利届满率、同族专利授权率、专利垄断指标、专利授权时国家技术背景、独立权利要求数量、技术公开程度、加快审查的请求、模拟估值
专业性指标	主要有:技术循环时间、引用现有专利数量、科学关联度、技术覆盖范围、专利权利要求数量
综合性指标	主要有:专利被引用数量、专利族大小、专利的寿命、专利的异议、专利的诉讼
技术价值指标	主要有:创新度、技术含量、成熟度、技术应用范围、可替代程度、配套技术依赖性、专利类型、专利技术行业化可行性、专利技术更新速度
市场价值指标	主要有:市场化能力、市场需求度、市场垄断程度、市场竞争力、利润分成率、剩余经济寿命、标准化指数、专利家族、投入强度、技术实施、竞争技术池、语言技术池、修正后技术的竞争力、市场吸引力、专利市场的实力
权利价值指标	主要有:专利独立性、专利保护范围、许可实施状况、专利族规模、剩余有效期、法律地位稳固程度
法律价值指标	主要有:专利寿命、当前法律状态、专利保护范围、专利组合情况、多国申请剩余有效期、专利无效情况、专利侵权诉讼情况、权利要求数、稳定性、可规避性、依赖性、专利侵权可判定性、专利到期时间长度、家族专利数、专利许可状态、专利申请撤回、专利申请被驳回、专利申请尚未授权、专利权有效、专利权无效、专利权终止、届满、专利权人类型
经济价值指标	主要有:竞争情况、市场规模前景、市场占有率、政策适应性、专利权人能力、专利需求、专利许可费、侵权赔偿额、行业发展趋势、盈利能力、变现能力、偿债能力、市场认可程度、竞争力贡献、专利已实现收益
自身类指标	主要有:专利总数、专利寿命
引用类指标	主要有:专利被引用次数、基于引用次数的加权专利数量、当前影响指数、专利技术生命周期、科学相关度

一级指标	二级指标
技术转移指标	主要有:中介服务规模、中介服务经费投入、专利授权、专利质量、专利转让合同、专利转让合同平均金额、专利转让比例、转移的直接经济效益、专利应用的间接效益
质押贷款指标	主要有:技术成熟度、技术完整度、专利类型、专利研发和维护成本、产品有望取得的市场份额、被侵权风险、专利剩余保护期、专利保护地域范围、质押期限、专利权的质押方式、专利权交易市场成熟度、专利权保护环境、出质人信誉、出质人资产规模、出质人管理规范程度
其他类指标	主要有:专利诉讼、是否是更新型专利、专利的国别、h 指数、技术工艺情况、发明的步骤、专利宽度、年度范围指数、幂指数分布

2.3　专利价值评估研究述评

综上所述,专利价值评估研究受到越来越多国内外专家学者的关注和重视,研究焦点不断变迁,发文量不断递增。研究区域主要集中在美国、中国(台湾地区发文量在此排序中位于祖国大陆之前)、德国、韩国、英国、意大利、芬兰、西班牙、法国等地区,美国处于绝对的领先地位,在排序内的其他地区研究实力相当。

文献调研发现,现有专利价值评估研究具有以下特点。

专利价值评估指标体系已取得一定的研究成果和基础。从采用经济学中成熟有效的有形资产评估方法,如成本法、收益法等,到剖析专利价值影响因素,利用专利文献信息构建指标体系进行综合评估,专利价值评估方法多种多样,但还未形成一个领域公认的权威评估体系与方法。国内外对专利价值指标体系的设定没有一套标准。而且各行各业都具有自身特征,因而专利价值评估需结合行业特征进行,需要不断被重视。杨思思等结合生物芯片领域的技术特点和产业特色对专利经济价值度进行研究,具有一定的先进性。现有研究多从专利文献中的结构化数据进行梳理,提出自己的分类特征,如吕晓蓉、杨丹丹等学者的研究,这使得专利技术质量、市场情况等评估指标衡量标准难以统一。现有研究方法高度重视专利指标的应用,从技术发展、产业态势到行业竞争的研究都在使用专利指标;针对不同的研究主体,选取不同的指标构建指标体系;评估重点集中在专利的技术价值、法律价值和经济价值。

现有的专利价值评估研究,主要研究专利的显性价值,而影响专利价值长远利益的隐性影响因素有待进一步挖掘,即需要进一步挖掘专利隐性价值,特别是专利所属专利权人实力,不同购买者实施专利的能力、购买目的,以及市场的成熟度、产业发展状况等对专利价值产生的静态和隐性动态影响,需进一步完善指标体系以提供科学的专利价值评估计算方法,进一步完善专利的长远利益评估。

2.4 本书的出发点

影响专利价值的因素是多方面的,包括许多动态和静态的影响因素,这正是专利价值评估的难点所在。专利价值不仅会受到技术环境的影响,还会受到动态变化的社会环境制约。不同购买者实施专利的能力、不同购买目的对专利价值的长远利益实现也会产生重要影响,即对专利的隐性价值会产生重要影响。专利价值评估的准确性及实用性受到评估指标、评估方法、不可控因素和主观因素等多方面条件的制约。如何有选择、有侧重地制定专利隐性价值评估指标、评估方法和影响因素权重,挖掘专利的长远利益,从而提高面向实际应用的专利价值评估的客观性、针对性、实用性、可操作性和科学性,是本书要考虑的主要问题。本书基于以下几个出发点展开研究:

(1) 应用马克思"劳动价值论"重新剖析专利价值内涵

运用经济学中马克思"劳动价值论"剖析专利价值的内涵,以为专利价值的定义注入新的血液。从新的视角重新定义专利的价值和使用价值,为后继的专利价值评估指标的选取提供新思路和突破口。

(2)专利权人视角下挖掘专利静态价值影响因素

从投资学的角度,挖掘专利的隐性潜在价值。专利的"出身"不同,可能会影响专利的价值,即待评估专利所属专利权人、引用专利所属专利权人、被引用专利所属专利权人实力越强,相关专利价值可能越高。探索这些静态指标在一定程度上对专利价值的影响,以提高静态价值计算的科学性和全面性,为专利静态价值评估提供理论依据与实践指导。

(3)基于精细加工可能性模型 ELM 构建技术水平评估指标

专利技术水平评估是专利静态价值评估中不变的重要环节。利用 ELM 将专利技术评估指标分为中枢指标和边缘指标;中枢指标涉及专利技术方案进行深入解读,即专利技术创造性程度指标,具体包括:挖掘新增专利文本相似度、审查员关于创新性的审查意见、申请人关于创造性的答复意见、专业技术人员对专利技术内容的深度解读来综合评估专利创造性程度,使专利创造性判断更加客观化。将不需要深入挖掘技术内容,可直接检索分析得到的生命周期、技术覆盖范围、权利要求项、同族专利、专利引证情况、专利权人实力、法律状态等作为边缘指标,进一步验证其有效性。探索中枢和边缘指标,以为技术水平评估提供新的思路方法和理论参考,同时为专利价值评估提供新的视角,从而提升专利价值评估的科学性和针对性。

(4)专利购买者(顾客)视角下挖掘专利隐性动态价值影响因素

运用市场营销学领域的顾客价值理论,将整个营销过程看成是一个价值感测、价值创造和价值传递过程的方法特点,引入顾客价值理论构建专利价值评估指标体系,以继续扩充专利技术、外围环境、购买目的这三大驱动因素;探索同一专利在不同时期、不同购买者实施能力、不同购买目的、不同社会环境等背景下的不同价值,进一步挖掘出专利的隐性动态价值,从而完善专利价值评估的指标体系,丰富专利价值评估的方法模型,提升专利价值评估的目的性和准确性。

本章主要参考文献

[1] 金泳锋,邱洪华. 基于层次分析模型的专利价值模糊评价研究[J]. 科技进步与对策,2015,32(12):124 – 128.

[2] 杨松堂. 知识产权质押融资中的资产评估[J]. 中国金融, 2007,58(5):16 – 17.

[3] 胡琴,郑向前. 成本法在无形资产价值评估中的应用[J]. 财务通讯,2009,30(10):112 – 113.

[4] 陈文婷. 专利资产的价值评估[J]. 电子知识产权,2011,21 (8):74 – 80.

[5] 王济霞. 浅论无形资产评估[J]. 天水行政学院学报,2009, 10(2):89 – 91.

[6] 靳晓东. 专利权价值评估方法述评与比较[J]. 中国与发明专利,2010,7(9):70 – 72.

[7] 张艳玲. 专利许可使用权出资法律问题研究[D]. 重庆:重庆大学,2012.

[8] 冯丽艳. 专利价值评估中技术分成率的确定方法[J]. 商业会计,2011,32(3):46 – 47.

[9] 张彦巧,张文德. 企业专利价值量化评估实证研究[J]. 电子知识产权,2009,19(10):30 – 35.

[10] 于谦龙,赵洪进. 企业专利资产价值评估研究综述[J]. 现代情报,2014,34(9):171 – 176.

[11] 邢小强,仝允. 实物期权法评估技术价值及其管理涵义[J]. 科学学与科学技术管理,2006,27(4):23 – 27.

[12] 方曙. 基于专利信息分析的技术创新能力研究[D]. 四川: 西南交通大学,2007.

[13] Narin F. Patents as Indicators for the Evaluation of Industrial

Reasearch Output[J]. Scientometrics,1995,34(3):489-496.

[14] Park Y,Park G. A New Method for Technology Valuation in Monetary Value: Procedure and Application [J]. Technovation, 2004,24(5):387-394.

[15] Harhoff D,Scherer F M,Vopel K. Citations,Family Size,Opposition and the Value of Patent Rights[J]. Research Policy,2003, 32(8):1343-1363.

[16] Hou J L,Lin H Y. A Multiple Regression Model for Patent Appraisal[J]. Industrial Management & Data Systems, 2006, 106 (9):1304-1332.

[17] Thoma G. Composite Value Index of Patent Indicators: Factor Analysis Combining Bibliographic and Survey Datasets [J]. World Patent Information, 2014, 38: 19-26.

[18] Chen J, Yuan Z M. Research on the Evaluation Pattern of Intellectual Property Pledge Financing[C]. 2012 2nd International Conference on Industrial Technology and Management, 2012 (2):291-295.

[19] 李振亚,孟凡生,曹霞. 基于四要素的专利价值评估方法研究 [J]. 情报杂志,2010,29(8):87-90.

[20] 李秀娟. 专利价值评估的影响因子[J]. 电子知识产权, 2009,19(5):64-67.

[21] 张希,胡元佳. 非市场基准的专利价值评估方法的理论基础、实证研究和挑战[J]. 软科学,2010,24(9):142-144.

[22] 靳晓东. 专利资产证券化中专利价值的影响因素分析[J]. 商业时代,2011,30(24):66-69.

[23] 吕晓蓉. 专利价值评估指标体系与专利技术质量评价实证研究[J]. 科技进步与对策,2014,31(20):113-116.

[24] 杨丹丹. 基于数据挖掘的企业专利价值评估方法研究[J]. 科学学与科学技术管理,2006,27(2):42-44.

[25] 张娴,方曙,肖国华,等.专利文献价值评价模型构建及实证

分析[J]. 科技进步与对策,2011,28(6):127 - 132.

[26] 马力辉,张润利,范昀阳. 专利价值及影响因素[J]. 工程机械文摘,2009,27(5):21 - 24.

[27] Chiu Y,Chen Y. Using AHP in Patent Valuation[J]. Mathematical and Computer Modelling,2017,46(7):1054 - 1064.

[28] Meyer M, Tang P. Exploring the "Value" of Academic Patents: IP Management Practices in UK Universities and Their Implications for Third-stream Indicators [J]. Scientometrics, 2007, 70 (2):415 - 440.

[29] Chang K C, Zhou W, Zhang S, et al. Threshold Effects of the Patent h-index in the Relationship between Patent Citations and Market Value[J]. Journal of the Association for Information Science and Technology,2015,66(12):2697 - 2703.

[30] Lee K, Lee S. Patterns of Technological Innovation and Evolution in the Energy Sector: A Patent-based Approach [J]. Energy Policy,2013,59:415 - 432.

[31] Messinis G. Triadic Citations,Country Biases and Patent Value: The Case of Pharmaceuticals[J]. Scientometrics,2011,89(3): 813 - 833.

[32] Albino V, Messeni Petruzzelli A, Rotolo D. Measuring Patent Value: An Empirical Analysis of the US Biotech Industry[J]. Available at SSRN,2009,33(9):24 - 31.

[33] Reitzig M. What Determines Patent Value? Insights from the Semiconductor Industry[J]. Research Policy,2003,32(1):13 - 26.

[34] Chen Y S,Chang K C. Using Neural Network to Analyze the Influence of the Patent Performance upon the Market Value of the US Pharmaceutical Companies[J]. Scientometrics,2009,80(3): 637 - 655.

[35] 李云梅,雷文婷. 技术创新型企业专利价值评价模型构建[J]. 财会通讯,2013,33(29):42 - 44.

［36］张克群,李姗姗,郝娟. 不同技术发展阶段的专利价值影响因素分析[J]. 科学学与科学技术管理,2017,38(3):23 - 29.

［37］马廷灿,李桂菊,姜山,等. 专利质量评价指标及其在专利计量中的应用[J]. 图书情报工作,2012,56(24):89 - 95,59.

［38］张古鹏,陈向东. 新能源技术领域专利质量研究——以风能和太阳能技术为例[J]. 研究与发展管理,2013,25(1):73 - 81.

［39］陈海秋,韩立岩. 专利质量表征及其有效性:中国机械工具类专利案例研究[J]. 科研管理,2013,34(5):93 - 101.

［40］马维野. 专利价值分析指标体系操作手册[M]. 北京:知识产权出版社, 2012:10 - 26.

［41］杨思思,郝屹,戴磊. 专利技术价值评估及实证研究[J]. 中国科技论坛,2017(9):146 - 152.

［42］Nordhaus W D. The Optimal Life of a Patent[R]. Yale:Cowles Foundation for Research in Economics,Yale University,1967.

［43］Sapsalis E,Ran N. Academic Versus Industry Patenting:An in-depth Analysis of What Determines Patent Value[J]. Research Policy,2006,35(10):1631 - 1645.

［44］Hall B H,Jaffe A B,Trajtenberg M. The NBER Patent Citation Data File:Lessons,Insights and Methodological Tools[R]. NBER Working Papers,2001.

［45］De La Potterie. Determinants of Environmental Innovation in US Manufacturing Industries[J]. Journal of Environment Economics and Management,2003,45(2):278 - 293.

［46］Chen D Z,Lin W Y C,Huang M H. Using Essential Patent Index and Essential Technological Strength to Evaluate Industrial Technological Innovation Competitiveness[J]. Scientometrics,2007,71(1):101 - 116.

［47］Beaudry C,Schiffauerova A. Impacts of Collaboration and Network Indicators on Patent Quality:The Case of Canadian Nanotechnology Innovation[J]. European Management Journal,2011,

29(5):362 - 376.

[48] Guan J C, Gao X. Exploring the h-index at Patent Level[J]. Journal of the American Society for Information Science and Technology,2009,60(1):35 - 40.

[49] Chen D Z, Lin C P, Huang M H, et al. Constructing a New Patent Bibliometric Performance Measure by Using Modified Citation Rate Analyses with Dynamic Backward Citation Windows [J]. Scientometrics, 2010, 82(1): 149 - 163.

[50] Agliardi E, Agliardi R. An Application of Fuzzy Methods to Evaluate a Patent under the Chance of litigation[J]. Expert Systems with Applications,2011,38(10):13143 - 13148.

[51] Llanes G, Trento S. Patent policy, Patent pools, and the Accumulation of Claims in Sequential Innovation[J]. Economic Theory, 2012,50(3):703 - 725.

[52] Kapoor R, Karvonen M, Lehtovaara M, et al. Patent Value Indicators: Case of Temerging Wind Energy Markets[C]//Techno-logy Management for Emerging Technologies (PICMET),Proceedings of PICMET'12: IEEE,2012:1042 - 1048.

[53] O'Neale D R J, Hendy S C. Power Law Distributions of Patents as Indicators of Innovation[J]. PloS one, 2012,7(12):49 - 57.

[54] Van Zeerroeck N. The Puzzle of Patent Value Indicators[J]. Working Paper Ceb,2007,20(1):33 - 62.

[55] 杨丹丹. 基于数据挖掘的企业专利价值评估方法研究[J]. 科学学与科学技术管理,2006,27(2):46 - 48.

[56] 张广安. 专利质量综合评价指数构建及应用[D]. 北京:北京工业大学,2013.

[57] 胡谍,王元地. 企业专利质量综合指数研究以创业板上市公司为例[J]. 情报杂志,2015,34(1):77 - 82.

[58] 宋河发,穆荣平,陈芳,等. 基于中国发明专利数据的专利质量测度研究[J]. 科研管理,2014,35(11):68 - 76.

[59] 李春燕,石荣. 专利质量指标评价探索[J]. 现代情报,2008,28(2):146-149.

[60] 王浩. 劳动价值论视角下的专利价值评价客体研究[J]. 知识产权,2017,31(1):82-86.

[61] 陶华. 课题制下专利质量综合评价研究[D]. 北京:中国科学院大学,2014.

[62] 乔桂银. 专利质量指标体系研究[J]. 江苏科技信息,2013,30(13):21-23.

[63] 吴红,付秀颖,董坤. 专利质量评价指标——专利优势度的创建及实证研究[J]. 图书情报工作,2013,57(23):79-84.

[64] 杨思思,戴磊,郝屹. 专利经济价值度通用评估方法研究[J].情报学报,2018,37(1):52-60.

[65] 李丹. 专利领域市场支配地位的认定——基于专利价值评估的角度[J]. 电子知识产权,2018(5):21-29.

第3章 专利技术水平评估研究知识图谱

专利技术水平本身是专利静态价值评估的重要方面,不受时间和外界条件的变化而变化。本章综观现有技术水平评估研究,利用 CiteSpace 形成专利技术水平评估研究知识图谱,并对基于专利信息的技术评估指标和方法进行分析比较,以了解目前关于专利技术水平评估的研究热点和空白。

3.1 技术水平评估

目前国内外对技术水平的评估主要集中在国家技术水平评估、产业或行业技术水平评估、产品技术水平评估等方面。

对国家技术水平进行评估时,不仅要从技术能力的角度考虑国家竞争力,同时还需要从经济发展、人文环境、创新的体制和机制等方面来进行综合性的考察。20 世纪 60 年代以来,技术评价得到了很大的发展,相继出现了一些技术评价的正规机构,如美国技术评价办公室、欧洲议会的 STAO (Scientific and Technological Options Assessment)等。世界知识产权组织、世界经济论坛等相关国际组织都相继发布关于技术水平、科技创新及创新评价的研究报告,韩国则通过立法确立两年一次的技术评价工作[1]。目前对国家技术水平评估的方法主要包括:基于大量数据的客观分析方法,通过大量的历史数据进行外推和拟合[2];主观分析方法,主要为专家调查法,充分利用专家的经历和知识背景对国家的整体技术水平进行判断,有些研究还在专家意见的基础之上,引入文献、专利等数据辅助分析,以提高分析的科学性和合理性[3]。

对产业或行业技术水平评估,主要围绕技术创新程度、技术竞争力评估、产业技术进步率进行,评估方法主要包括:通过数学函数或模型的方法计算产业的技术水平[4,5];通过构建评估指标体系进行产业技术水平的评估[6];结合相关专利指标,从专利角度对产业或行业的技术水平进行评估[7,8]。

对产品技术水平评估,主要从产品、技术的经济价值方面和技术价值方面来进行评估。经济价值方面,注重评估一项产品、技术的构成对其经济效益的影响程度。技术价值方面,则注重从产品或技术特征参数出发,从而判别其技术水平的高低。从经济价值方面评估一项产品或技术的水平难度往往较大,主要是因为产品或技术带来的经济效益并不完全只受技术水平的影响,在很大程度上还受到竞争、广告、推销渠道的影响。因此,运用技术方法对产品或某项技术的水平进行评估相对比较客观。对产品技术水平评估的方法主要有以下几种:主观审查评价法,主要是选择一定数量的专家组成鉴定委员会,再由专家对待评估产品、技术进行打分,最后得出关于这项产品、技术的水平分值[9];构建数学模型,数学模型可以把事物根本性的要素汇集在一起,经过数学处理,把起作为的参数提取出来,从而构成评估的数学模型[10-12];层次分析法,通过专家调查法对待评估的产品、技术的各评估要素(指标)进行选择,构建评估指标体系,再确定每项指标的权重,采集相关指标的数据进行计算,最终得出技术水平分值[13]。

3.2 专利技术水平评估研究现状

3.2.1 专利技术水平

为了达到《专利法》的充分公开要求,专利文献中的专利说明书详细记载了专利发明的技术细节,能准确体现技术的特征。研究表明,70%的技术信息仅记录在专利信息中。随着专利数据库的不断发展,专利信息的获取越来越便利且更新及时;如能对专利信息合理利用,将大大减少技术研发投入的经费、人力和时间。专利与技术之间的密切联系,使得通过对专利信息的挖掘和分析,可以掌握技术的发展状况和发展水平。

目前,对技术水平的界定需结合不同的评估对象进行。针对不同的对象,其技术水平评估的标准不同,一般从经济评估方法和技术评估方法两方面评估技术水平。经济评估方法从技术的有机构成对经济的影响程度来评估;技术评估方法则力图从能表达技术水平的技术特征参数方面进行评估。

3.2.2　数据来源及研究方法

本章以 Web of Science 的核心合集数据库为数据来源,时间跨度为 2000—2016 年,检索策略为:主题 =(patent AND techn * AND(evaluat * or measur * or assess * or apprais * or estimat *)) AND 标题 =(patent AND(techn * or evaluat * or measur * or assess * or apprais * or estimat * or comput * or indicat * or index or quota or system or method or approach or life cycle or technolog * or citation or famil * or legal or claim * or assignee or patentee or technolog * scope or AHP or analytic hierarchy process or data mining or text mining)),对所得数据进行处理,剔除不相关数据,共得有效数据 463 条。

3.2.3　研究现状的图谱分析

将上述检索到的 463 条数据导入 CiteSpace 软件。CiteSpace 是由陈超美博士开发,可以在科学文献中识别并显示研究发展最新趋势与最新动态的信息可视化软件。相关参数设定:Term Source 为 Title,Abstract,Author Keywords,Keywords Plus;Time Slicing 设置为 2000—2016;Year Per Slice 为 1 年;其余为默认设置。

（1）时间分布

对 463 条有效数据按年份进行分析,有利于了解发文数量随时间变化的趋势,可以在一定程度上呈现专利技术水平评估研究发展过程和趋势,如图 3.1 所示。

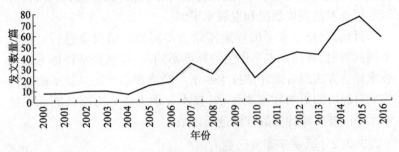

图 3.1　发文趋势

2000 年以来,关于专利技术水平评估的文献大致呈现递增的趋势,大致可以分为三个阶段。

第一个阶段(2000—2006 年):呈现缓慢增长的趋势,增长幅度不大;专家学者对专利技术的研究并不是太多,主要是一些基础性的研究。

第二个阶段(2006—2013 年):呈现曲折上升的趋势;文献量显著增加,说明专利技术水平评估在这一阶段受到相关学者的重视和关注。

第三个阶段(2013—2016 年):文献量增长速度加快,文献量显著增加且呈现持续上升的趋势;关于专利技术水平评估的研究仍属于热点研究领域,受到专家学者的普遍关注,具有一定的研究意义和研究价值。

(2)国家/地区分布

对专利技术水平评估的研究按国家/地区进行分析,可挖掘专利技术水平评估研究领域内的热点研究国家和地区。CiteSpace 中选择节点为 Country/Region,运行 CiteSpace 得到区域研究实力的知识图谱,共得 47 个节点、44 条连线。研究区域的频次分布如表 3.1 所示。

表 3.1 研究区域频次分布

排名	频次	国家/地区
1	85	美国
2	69	中国
3	63	中国台湾
4	51	韩国
5	36	德国
6	25	意大利
7	19	英国
8	17	日本
9	15	荷兰
10	14	比利时
10	14	西班牙

根据表 3.1,从频次角度来看,美国名列前茅,在一定程度上说明美国的专家学者相对其他国家/地区而言,对专利技术水平评估方面的研究比较重视,已取得一定的成果。中国、中国台湾、韩国紧随其后,排在第二序列;德国、意大利排在第三序列;英国、日本、荷兰、比利时、西班牙排在第三序列以外,且频次差别不大。TOP10 的国家/地区依次为美国、中国、中国台湾、韩国、德国、意大利、英国、日本、荷兰、比利时、西班牙。通过分析发现,对专利技术水平评估研究中,发达国家有 9 个,发达国家以美国为代表,发展中国家以中国为代表。

(3)研究机构分布

选择节点类型为 Institution,利用 CiteSpace 对专利技术水平评估的研究机构分布进行分析,形成研究机构分布图谱,共得到 338 个节点、137 条连线,发现机构分布较散、机构之间合作不明显。为了更清楚地呈现,现列举排名 TOP20 的研究机构,结果如表 3.2 所示。

表 3.2　专利技术水平评估研究机构分布

排名	频次	机构
1	13	Natl Taiwan Univ　中国台湾(台湾大学)
2	12	Seoul Natl Univ　韩国(首尔大学)
3	10	Natl Tsing Hua Univ　中国(清华大学)
4	9	Pohang Univ Sci & Technol　韩国(浦项科技大学)
5	7	Univ Bremen　德国(不来梅大学)
6	7	Natl Chung Hsing Univ　中国台湾(中兴大学)
7	7	Univ Tokyo　日本(东京大学)
8	6	Natl Yunlin Univ Sci & Technol　中国台湾(云林科技大学)
9	6	Lappeenranta Univ Technol　芬兰(拉彭兰塔理工大学)
10	6	Konkuk Univ　韩国(建国大学)
11	6	Korea Inst Sci & Technol Informat 韩国(韩国科学技术研究院)
12	6	Chinese Acad Sci　中国(中国科学院)
13	6	Tokyo Inst Technol　日本(东京工业大学)
14	6	Beijing Inst Technol　中国(北京理工大学)
15	6	Katholieke Univ Leuven　比利时(鲁汶大学)
16	5	Natl Appl Res Labs　中国(国家应用研究实验室)
17	5	Natl Chiao Tung Univ　中国台湾(交通大学)
18	5	Rutgers State Univ　美国(罗格斯大学)
19	5	Ajou Univ　中国台湾(亚洲大学)
20	5	Inst Sci & Tech Informat China 中国(中国科技信息研究所)

　　通过表 3.2 可知,TOP20 的研究机构中有 16 所大学、4 所研究机构,TOP10 的研究机构均为大学。排名第一的为台湾大学(Natl Taiwan Univ),共现频次为 13 次;第二名为首尔大学(Seoul Natl

Univ),共现频次为 12 次;第三名为清华大学(Natl Tsing Hua Univ),共现频次为 10 次。从国家/地区角度来看,TOP20 的研究机构中,中国有 10 所、韩国 4 所、日本 2 所,美国、德国、芬兰、比利时各 1 所。对专利技术水平的研究主要以大学类的研究机构为主,占 TOP20 的 80%,企业对专利技术水平评估的研究相对较少。

(4) 核心作者及其代表文献

选择节点类型为 Cited Author,通过对专利技术水平评估的作者被引情况进行分析,寻找核心作者。利用 CiteSpace 进行作者的共被引分析,共得到 262 个节点、1 397 条连线。选择 TOP5 的核心作者分析,结果如图 3. 2 所示。

图 3. 2　专利技术水平评估核心作者 TOP5 分布图

TOP5 核心作者分布研究。专利技术水平评估研究的 TOP5 核心作者分别是:① Hall B H,来自美国加利福尼亚大学伯克利分校,共被引频次 111 次;② Narin F,来自美国 COMP HORIZONS INC 公司,共被引频次 111 次;③ Jaffe A B,来自美国哈佛大学,共被引频次 92 次;④ Griliches Z,来自美国哈佛大学,共被引频次 92 次;⑤ Trajtenberg M,来自以色列特拉维夫大学,共被引频次 88 次。通过核心作者研究机构分布发现,排名前 5 的核心作者中来自大学等研究机构的有 4 人,来自企业的有 1 人;核心作者来自美国的人数最多。

代表性文献分布研究。选择节点类型为 Cited References,通过对专利技术水平评估的文献共被引情况进行分析,寻找该研究领域的代表性文献。利用 CiteSpace 进行文献的共被引分析,共得到 563 个节点、2 651 条连线。选择 TOP5 的代表性文献进行分析,结果如图 3.3 所示。

图 3.3　代表性文献分布

结合图 3.2 和图 3.3 可知,Griliches Z 于 1990 年发表了题为 "Patent Statistics as Economic Indicators: A Survey"[14] 的文章,总结了专利数据在经济分析中的应用;结合专利数据的主要特征,分析了专利与研发费用之间的联系;基于欧洲专利局的最新数据,从时间序列层面对专利价值的离散分布进行评估;提出专利数据是评价技术变革的重要指标和独特资源。Trajtenberg M 于 1990 年发表了题为 "A Penny for Your Quotes: Patent Citations and the Value of Innovations"[15] 的论文,他认为可以从专利引文数量角度对专利价值进行研究,并选取计算机断层扫描机为实证样本进行实证分析。Harhoff D 于 2003 年发表了题为 "Citations, Family Size, Opposition and the Value of Patent Rights"[16] 的文章,提出将专利权人对专利价值的评估方法与指标变量对专利价值的评估方法结合起来,认为专利价值与专利被引次数和专利引用次数正相关;在药学和化学领域,非专利文献的引用比专利文献的引用对其专利价值的影响程度大;认为顺利通过专利审查及专利同族数量多的专利的价值相对较大。Hall B H 等于 2005 年发表的 "Market Value and Patent Citations"[17] 一文,提出用专利引用数据衡量公司的市场价值,利用 Tobin's Q 理论评估研发在股票资产中所占的比例、专利在研发中所占的比例及专利引用率等,认为每一个比率都对公司的市场价值有明显影响;认为引用的比率每增加一个百分点,公司的市场价值将随之增加 3% ;发现在公司的不同部门,无形资产对市场价值产出率的影响也将不同,且自引比他引更有价值,通过市场价值和专利引用的相关性可以确定有发展前景的市场。Narin F 等于 1987 年发表了"Patents as Indicators of Corporate Technological Strength"[18] 的文章,从不同的方面(包括销售和利润变化,研究和开发预算,科学生产力及公司的技术实力等方面)对企业专利数量、专利引证数据和其他影响企业技术实力的若干指标进行了比较分析;通过对 17 家美国制药企业的研究,认为专利数据是衡量企业整体技术实力的重要指标。

(5) 研究热点分布

选择节点类型为 Keywords,通过对关键词的频次进行分析,发现研究热点。利用 CiteSpace 对专利技术水平研究的关键词进行分析,共得到节点 382 个、连线 1 575 条,如图 3.4 所示。关键词的频次分布如表 3.3 所示。

图 3.4　研究热点分布

表 3.3　研究热点频次分布

序号	频次	关键词	序号	频次	关键词
1	115	Innovation	6	48	Patents
2	65	Technology	7	46	Patent Analysis
3	64	Citations	8	34	Research and development
4	57	Indicators	9	32	Patent
5	50	Industry	10	28	Knowledge

　　研究发现,Innovation(创新)的频次最高。结合文献调研可知,专利作为技术创新的指标,已经得到学者的普遍认可。Lanjouw J O 等[19]采用 1980—1993 年美国制造业的相关数据,从详细的专利信息中挖掘专利质量指标,研究专利质量和企业研发能力之间的关系。Abraham B P 等[20]以印度工业为例,获取相关技术竞争和技术创新的专利数据,对企业创新能力进行评价。Trappey A J C 等[21]提出的专利质量评价方法指出,针对特定技术领域提取表示专利质量的相关指标,利用主成分分析法确定关键指标及参数,最后结合 BP 神经网络模型进行分析。

　　Technology(技术):专利说明书详细记载了技术要求及技术构成,通过分析专利文献可了解技术发展趋势、技术覆盖范围、技术发展阶段及核心技术。Trappey 等[22]以中国的 RFID 技术为例,结合专利文本聚类和技术生命周期分析 RFID 技术的发展前景。Chanchetti L F 等[23]采用文献计量和文本挖掘的方法,从专利申请数量、专利申请国家等方面评估储氢材料的技术发展阶段和技术发展趋势。Lee C 等[24]提出判断技术生命周期的新思路,利用马尔可夫模型评估技术生命周期。

　　Citations(引用):专利的引用不仅可用于评价专利个体质量,同时也是衡量技术竞争力和技术创新程度的重要指标。Verhoeven D 等从专利引证角度分析专利的新颖性,从而衡量技术的创新程度[25]。Yang G C 等结合直接引用、间接引用、耦合和共引网络,提出了一种基于综合专利引文网络的专利价值评估方法[26]。Park

Yongtae 等采纳和应用专利引文分析的方法分析技术的可转让性，促进多技术产业的技术转移[27]。

Indicators(指标)：专利信息与技术联系密切，越来越多的学者和研究人员从专利角度进行技术评估，且分析的角度逐渐从单一指标评估方法发展到指标体系评估方法。Haupt R 等[28]，Jong-Hak Oh 等[29]利用专利指标组合分析技术生命周期、技术创新能力和技术水平，有助于将定性研究和定量研究相结合，提供技术水平评估的新思路。

Industry(产业)：专利与技术之间存在密切相关性，越来越多的研究学者采用专利数据对行业发展水平进行评估，规划产业发展策略。Yoon J 等通过对专利文本信息的提取，构建基于专利文本的相似度测量网络，以协助研究人员和研发决策者对快速发展的产业进行评估提供思路[30]。

（6）学科属性分布

选择 Category 为节点，通过对学科属性进行分析，了解专利技术水平评估所涉及的研究领域和研究范围，通过 CiteSpace 得到学科属性分布的知识图谱，共得到 71 个节点、193 条连线。学科属性分布如图 3.5 所示，学科属性频次分布如表 3.4 所示。

图 3.5　学科属性分布

表 3.4　学科属性频次分布

频次	学科属性
152	BUSINESS & ECONOMICS 商业与经济学
137	COMPUTER SCIENCE 计算机科学

续表

频次	学科属性
102	ENGINEERING 工程学
84	INFORMATION SCIENCE & LIBRARY SCIENCE 信息科学与图书馆学
84	MANAGEMENT 管理学
55	BUSINESS 商务学
54	PLANNING & DEVELOPMENT 规划与研发
54	PUBLIC ADMINISTRATION 公共管理学
50	OPERATIONS RESEARCH & MANAGEMENT SCIENCE 运筹管理学
43	ECONOMICS 经济学

图 3.5 和表 3.4 表明,专利技术水平评估研究涉及的 TOP10 的学科包括:商业与经济学、计算机科学、工程学、信息科学与图书馆学、管理学、商务学、规划与研发、公共管理学、运筹管理学和经济学。这些学科大致可以划分为 3 类:商业与经济学、经济学、商务学等经济学类学科;信息科学与图书馆学、管理学、公共管理学、运筹管理学等管理学类学科;计算机科学、工程学、规划与研发等理工科类学科。专利技术水平评估的学科属性跨度较大,说明专利技术水平的研究范围较广,各个学科已普遍关注专利技术水平评估的研究。

3.3　国内外研究现状述评

从专利技术水平评估研究的时间分布情况、研究区域、研究机构、核心作者及代表文献、研究热点、学科属性、核心期刊的知识图谱进行分析,得出以下结论。

专利技术水平评估研究越来越得到相关学者的重视,近几年的文献数量显著增加且呈现持续上升的趋势,目前仍属于热点研究领域,具有一定的研究意义和研究价值。专利技术水平评估的研究主要集中在美国、中国、中国台湾、韩国、德国、意大利、英国、日本、荷兰、比利时、西班牙等国家/地区。此类研究主要集中在发达国家/地区,发展中国家中仅中国排在 TOP10 内,说明发达国家/地区对专利技术水平研究的重视程度要高于发展中国家/地区。

研究机构主要以大学类的研究机构为主。台湾大学排名最高,其次为汉城国立大学、清华大学。中国专利技术水平评估的研究以大学类研究机构为主,企业类的研究机构较少。应加强高校和企业之间的交流与合作,建立沟通渠道,将高校科研成果更好地运用到企业的管理和运营实践中,有利于促进研究成果价值的市场化。具有代表性的作者有 Hall B H,Narin F,Jaffe A B,Griliches Z 和 Trajtenberg M,他们大部分来自大学等科研机构,研究的内容主要包括专利数据对企业研发的影响、专利价值的评估、企业技术实力的评估等。

研究热点主要集中在创新、技术、引用、评估指标、产业技术水平评估等方面。在创新方面,主要研究专利质量与技术创新之间的联系,利用专利数据对企业创新能力和技术创新能力进行评估;在技术方面,研究主要集中在利用专利文本挖掘和专利计量信息判断技术的发展趋势、技术发展阶段及识别核心技术;在引用方面,不仅利用专利引证数据对单项专利价值进行评估,同时也将专利引证数据作为衡量技术竞争力和技术创新程度的重要指标;在评估指标方面,分析的角度逐渐从单一指标评估方法发展到指标体系评估方法,越来越多地考虑指标的组合分析;在产业技术水平评估方面,越来越多的研究学者采用专利数据对行业发展水平进行评估,规划产业发展策略。

研究的学科涵盖商业与经济学、计算机科学、工程学、信息科学与图书馆学、管理学、商务学、规划与研发、公共管理学、运筹管理学和经济学,主要涉及管理学类和经济学类。专利技术水平评估研究涉及学科范围较广,学科跨度较大。

综上所述,专利技术水平评估一直受到相关学者的重视,研究主要集中在大学类科研机构和少数企业。研究内容多集中在评估方法的选择上,以往主要运用专利文本挖掘技术、专利计量信息来进行评估,近几年通过多指标组合构建指标体系的评估方法越来越多地运用到专利技术水平评估中。目前的研究往往是提取相关专利指标进行定性评估,主要依赖专家意见,具有较大的主观性,无法直观地对专利技术水平进行量化,从定量的角度对专利技术水平进行评估的研究较少。同时,研究样本多为企业或者产业的专利集群,对单项专利技术水平的研究较少。

3.4 基于专利信息的技术评估研究

目前,基于专利信息的技术评估主要是运用专利信息对技术发展趋势、技术创新能力、技术价值、技术竞争力进行分析和研究。

3.4.1 基于专利信息的技术评估指标研究

在技术发展趋势研究中,侯剑华等(2014)从技术发展趋势、成熟度和演化方向3个方面,以授权专利数量、同族专利数量、技术发展阶段等专利指标为基础,构建技术预测模型及评估指标体系[31]。罗贵斌(2014)以专利申请情况、IPC分布等专利指标为基础,判断美国电气技术发展趋势[32]。

在技术创新能力研究中,龚关等(2012)在已有的评估指标体系框架的基础上,结合产业技术创新能力的实际评估需求,构建基于专利信息的产业技术创新能力评估体系[33]。郑佳(2012)以美国专利局收录的1991—2010年的纳米技术领域的专利为研究对象,从自主研发和国际合作两个层次,构建了包括专利数量、专利占有率、专利引证量、专利密度和专利强度等在内的9个指标构成的评估体系,对主要国家纳米技术创新能力进行评估[34]。王崇锋等(2014)选择专利授权率和专利存续期为衡量指标,考察区域之间的创新能力的差异[35]。鲍志彦(2016)构建以技术创新规模指标、技术创新质量指标、技术创新管理指标为一级指标,以专利申请量、IPC号数量、专利授权率、专利引证次数、专利实施率为二级指标的技术评估指标体系,并通过SPSS软件验证指标间的系统性和相关性[36]。

在技术价值评估研究中,吕晓蓉等(2014)以技术价值评估指标为基础,建立专利技术质量评价模型[37]。胡彩燕(2016)认为专利的技术价值可以从专利技术质量、专利技术宽度、配套技术依存度、可替代性和成熟度等因素进行评估[38]。

在技术竞争力研究中,刘爱东、刘亚伟(2008)选取大中型工业企业为研究对象,以发明专利授权数量为量化企业核心技术竞争力的重要指标[39]。朱相丽等(2013)对以往专利组合方法进行修改,以各公司主流技术的技术吸引力、专利相对位置和技术强度为指标,绘制专利组合图[40]。邓洁、余翔等(2013)构建了相对技术优势、加权平均申请年龄和加权平均维持时长 3 个指标,从技术强度、技术累积度和专利质量 3 个角度全面分析评估对象的技术竞争力[41];周磊等(2014)选择专利引用指标对行业技术竞争进行评估,从专利直接引用和专利共被引两方面入手,结合德温特创新索引采集相关数据进行实证研究[42]。

3.4.2　基于专利信息的技术评估方法研究

运用专利信息创新评估方法对技术进行评估和评估的研究已有不少。

在对技术的发展趋势研究中,黄鲁成等(2010)通过对专利信息的深入分析,从技术研究热点、技术发展机会、技术发展阶段等方面构建了技术发展趋势评价系统[43];庞德良等(2014)从专利申请情况入手,利用跨国专利比较法对日本新能源技术进行评估[44];冯立杰等(2015)在中美两国专利申请情况、IPC 号分布及技术生命周期的基础上,构建专利挖掘路径,分析我国煤层气开采技术发展现状[45];许海云等(2016)结合专利文本分析关键技术的发展趋势[46];钱越等(2016)结合专利文献相关数据和商业技术数据,构建技术商业化潜力的评价模型[47]。

在对技术创新能力的研究中,张韵君(2014)分析专利战略对技术创新的影响,构建并阐述技术创新与专利战略之间的逻辑关系,为企业技术创新的开展提供一个新的指导框架[48];曹勇等

(2015)从专利属性、公司规模、产品的流程 3 个方面对企业专利组合策略进行了分析[49];姜锦诚等(2016)从专利数量和专利质量两方面入手,采用专利计量的方法对中国家电产业的技术创新和技术追赶趋势进行了剖析[50];黄永宝等(2016)以 IPC 分类号的分布作为聚类的因子,利用社会网络分析法,构建手机产业技术创新网络演化描述模型[51]。

在技术价值的研究中,冯丽艳(2010)提出了从专利技术的经济因素、法律因素和技术因素 3 个方面评估专利技术价值[52];王兴旺(2011)介绍了专利分析在技术价值估算中的作用,指出专利分析应用于企业技术并购中的意义[53];武晨箫(2012)从专利技术价值体现的主客观性和专利文献产生主体 2 个维度出发,提出用于分析专利技术价值体现的途径[54]。

在技术竞争力的研究中,钱良春、汪雪锋等(2015)构建了基于专利 IPC 分类号的技术专业化指数模型,从专利数量和技术专业化指数 2 个维度建立了企业技术竞争力评价框架[55];马雨菲等(2016)从技术规模、技术质量、技术价值的角度构建了技术竞争力评价体系[56];高小强、田丽(2016)通过分析历年专利申请情况、专利影响力情况、专利权人引用网络高被引专利的专利 IPC 分布结构,对企业的专利技术竞争力进行研究[57]。

综上所述,目前对技术水平的评估主要集中在国家、产业和行业等宏观层面,对专利技术水平评估主要是根据相关专利指标进行定性研究,比较依赖专家意见,主观性较大。具体到专利技术角度,考虑到是否对专利技术方案进行深入解读,挖掘专利各要素与技术水平的联系,从而评估某一专利技术水平的研究较少。

专利技术水平是专利静态价值的重要方面,不因其他外界环境的变化而变化。专利技术水平价值的实现,受到诸多外界环境因素的影响,对专利的隐性价值即专利的长远利益的实现具有重要影响。专利技术水平评估是专利隐性静态价值评估的重要核心内容,是提高专利隐性静态价值评估科学性的基础。

本章主要参考文献

［1］任真. 韩国科技规划制定方法与启示［J］. 图书情报工作，2013，57（23）：95 - 99.

［2］Bekey G，Ambrose R，Kumar V，et al. WTEC Panel Report on International Assessment of Research and Development in Robotics［R］. World Technology Evaluation Center，Inc.，2006.

［3］Biavatti M W，et al. Leaf-cutting Ants Toxicity of Limonexic Acid and Degraded Limonoids from Raulinoa Echinate. X-Ray Structure of Epoxy-fraxinellone［J］. Journal of the Brazilian Chemical Society，2005，16（6B）：1443 - 1447.

［4］赵静媛. 对我国高技术产业技术水平的思考——基于 cobb-douglas 函数对技术水平的估算［J］. 产业与科技论坛，2013，12（12）：27 - 29.

［5］刘瑶，罗婷. 中国制造业出口产品的技术水平及影响因素分析［J］. 产业经济评论，2016（1）：30 - 43.

［6］陈敏，王龙，邓理. 江西汽车产业竞争力评价指标体系构建［J］. 企业经济，2012（5）：100 - 103.

［7］杨利锋，陈凯华. 中国电动汽车技术水平国际比较研究——基于跨国专利的视角［J］. 科研管理，2013，34（3）：128 - 136.

［8］林甫. 面向产业竞争力评价的专利指标体系构建及应用［J］. 图书情报工作，2014（14）：103 - 109.

［9］吴国松，李洋，柳丽影，等. 基于 Delphi 法的医疗风险识别技术评价研究［J］. 中国医院，2014（4）：25 - 27.

［10］朱兴业，袁寿其，刘建瑞，等. 轻小型喷灌机组技术评价主成分模型及应用［J］. 农业工程学报，2010，26（11）：98 - 102.

［11］胡辉，李克平，徐小明. 基于随机机会约束规划的内燃机车减排技术评价优化模型研究［J］. 铁道学报，2012，34（11）：10 - 15.

[12] 屈明洋,魏永霞,张忠学. 基于熵权的模糊物元模型在水田节水灌溉技术评价中的应用[C]//中国农业工程学会农业水土工程专业委员会,云南农业大学水利水电与建筑学院. 现代节水高效农业与生态灌区建设(上). 昆明:云南大学出版社,2010:869 – 874.

[13] 雷卿. 基于层次分析与模糊评判的节水灌溉技术评价方法研究[D]. 咸阳:西北农林科技大学, 2012.

[14] Griliches Z. Patent Statistics as Economic Indicators: A Survey [J]. Journal of Economic Literature, 1990, 28 (4): 1661 – 1707.

[15] Trajtenberg M. A Penny for Your Quotes: Patent Citations and the Value of Innovations [J]. Rand Journal of Economics, 1990, 21 (2): 172 – 187.

[16] Harhoff D, Scherer F M, Vopel K. Citations, Family Size, Opposition and the Value of Patent Rights [J]. Research Policy, 2003, 32(8): 1343 – 1363.

[17] Hall B H, Jaffe A, Trajtenberg M. Market Value and Patent Citations[J]. Rand Journal of Economics, 2005, 36(1): 16 – 38.

[18] Narin F, Noma E, Perry R. Patents as Indicators of Corporate Technological Strength[J]. Research Policy, 1987, 16(2): 143 – 155.

[19] Lanjouw J O, Schankeman M. Patent Quality and Research Productivity: Measuring Innovation with Multiple Indicators [J]. Economic Journal, 2004, 495(114): 441 – 465.

[20] Abraham B P, Moitra S D. Innovation Assessment through Patent Analysis[J]. Technovation, 2001, 21(4): 245 – 252.

[21] Trappey A J C, Trappey C V, Wu C Y. A Patent Quality Analysis for Innovative Technology and Product Development [J]. Advanced Engineering Informatics, 2012, 26(1): 26 – 34.

[22] Trappey C V, Wu H Y, Taghaboni-Dutta F. Using Patent Data for Technology Forecasting: China RFID Patent Analysis [J].

Advanced Engineering Informatics,2011,25(1):53 - 64.

[23] Chanchetti L F, Diaz S M O, Milanez D H. Technological Forecasting of Hydrogen Storage Materials Using Patent Indicators [J]. International Journal of Hydrogen Energy,2016,41(41), 18301 - 18310.

[24] Lee C, Kim J, Kwon O. Stochastic Technology Life Cycle Analysis Using Multiple Patent Indicators[J]. Technological Forecasting and Social Change,2016,106:53 - 64.

[25] Verhoeven D, Bakker J, Veugelers R. Measuring Technological Novelty with Patent-based Indicators[J]. Research Policy,2016, 45(3):707 - 723.

[26] Yang G C, Li G, Li C Y. Using The Comprehensive Patent Citation Network(CPC) to Evaluate Patent Value[J]. Scientometrics,2015,105(3):1319 - 1346.

[27] Park Y, Lee S, Lee S. Patent Analysis for Promoting Technology Transfer in Multi-technology Industries: The Korean Aerospace Industry Case[J]. Journal of Technology Transfer,2012,37(3): 355 - 374.

[28] Haupt R, Kloyer M, Lange M. Patent Indicators for the Technology Life Cycle Development[J]. Research Policy,2007,36 (3):387 - 398.

[29] Oh J H, Hong J W, You Y Y ,et al. Effects of Patent Indicators on National Technological Level: Concentrated on Mobile Communication, Network, and Convergence Technologies[J]. Cluster Computing-the Journal of Networks Software Tools and Applications,2016,19(1):519 - 528.

[30] Yoon J, Kim K. An Analysis of Property-function Based Patent Networks for Strategic R&D Planning in Fast-moving Industries: The Case of Silicon-based Thin Film Solar Cells[J]. Expert Systems with Applications,2012,39(9):7709 - 7717.

[31] 侯剑华,朱晓清.基于专利的技术预测评价指标体系及其实证研究[J].图书情报工作,2014,58(18):77 - 82.

[32] 罗贵斌.基于专利指标的美国电气技术发展趋势探究[J].福建工程学院学报,2014,12(3):296 - 301.

[33] 龚关.基于专利信息的产业技术创新能力评价研究[D].上海:华东师范大学,2012.

[34] 郑佳.基于专利分析的纳米技术创新能力研究[J].情报杂志,2012(11):113 - 117.

[35] 王崇锋,徐恒博,张古鹏.城市区域创新能力差异研究——基于专利质量的视角[J].山东大学学报(哲学社会科学版),2014(1):74 - 80.

[36] 鲍志彦.高校技术创新能力评价实证研究——基于专利信息的测度分析[J].农业图书情报学刊,2016,28(8):5 - 10.

[37] 吕晓蓉.专利价值评估指标体系与专利技术质量评价实证研究[J].科技进步与对策,2014(20):113 - 116.

[38] 胡彩燕,王馨宁.专利价值评估方法探索综述[J].中国发明与专利,2016(3):119 - 122.

[39] 刘爱东,刘亚伟.大中型工业企业核心技术竞争力与 R&D 投入的实证研究[J].科技进步与对策,2008,25(4):67 - 69.

[40] 朱相丽,谭宗颖.专利组合分析在评价企业技术竞争力中的应用——以储氢技术为例[J].情报杂志,2013,32(4):28 - 33.

[41] 邓洁,余翔,崔利刚.基于组合专利信息的技术竞争情报分析与实证研究[J].情报杂志,2013(11):6 - 10.

[42] 周磊,杨威.基于专利引用的企业技术竞争研究[J].科学学与科学技术管理,2014(3):42 - 48.

[43] 黄鲁成,历妍.基于专利的技术发展趋势评价系统[J].系统管理学报,2010,19(4):383 - 388.

[44] 庞德良,刘兆国.基于专利分析的日本新能源汽车技术发展趋势研究[J].情报杂志,2014(5):60 - 65.

[45] 冯立杰,吴汉争,王金凤,等.基于专利挖掘的煤层气开采技

术发展趋势研究[J].情报杂志, 2015(12):101 – 105.

[46] 许海云,王振蒙,胡正银,等.利用专利文本分析识别技术主题的关键技术研究综述[J].情报理论与实践, 2016, 39(11):131 – 137.

[47] 钱越,黄颖,郭颖,等.基于专利文献的技术商业化潜力研究——以 3D 打印技术为例[J].情报杂志, 2016, 35(10):59 – 64.

[48] 张韵君.基于专利战略的企业技术创新研究[D].武汉:武汉大学,2014.

[49] 曹勇,蒋振宇,孙合林.专利组合策略及其对技术创新绩效的影响研究[J].情报杂志, 2015(11):55 – 61.

[50] 姜锦铖,张越,余江.基于专利计量的中国家电产业技术追赶研究[J].科学学与科学技术管理, 2016, 37(7):77 – 86.

[51] 黄永宝.基于社会网络分析的技术创新网络演化研究[D].徐州:中国矿业大学,2016.

[52] 冯丽艳.专利技术价值评估影响因素分析[J].中州大学学报, 2010, 27(4):34 – 36.

[53] 王兴旺.专利分析在企业技术并购中的应用探究[J].情报杂志, 2011, 30(10):91 – 94.

[54] 武晨箫.专利技术价值体现的分析途径研究以复合材料领域专利文献计量学分析为基础[J].电子知识产权, 2012(7):90 – 94.

[55] 钱良春,汪雪锋,黄颖,等.基于技术专业化指数的企业技术竞争力评价研究[J].情报杂志, 2015(7):84 – 88.

[56] 马雨菲,刘敏榕,陈振标.专利视角下企业技术竞争力评价研究——以 LTE-Advanced 技术为例[J].图书情报工作, 2016, 60(21):96 – 102.

[57] 高小强,田丽.基于专利分析的中国重点钢铁企业技术竞争力研究[J].现代情报, 2016, 36(3):121 – 128.

第4章 基于 ELM 的专利技术水平评估

不管哪种类型的专利价值评估,对专利技术水平本身的评估都占很大比重。授权的发明创造往往都具有《专利法》所规定的创造性和较高的技术水平。专利文献中公开的与技术相关的信息已成为捕捉技术变更与竞争优势的重要来源。基于专利文献对专利技术水平的评估,已成为研究热点与趋势。本章利用专利文献公开的信息,基于精细加工可能性模型(ELM),分中枢和边缘两条路径,从中枢要素和边缘要素着手,构建专利技术水平评估指标体系和一般方法。本章以某一项授权专利技术水平为评估对象,挖掘专利水平评估的隐性影响因素,为专利隐性静态价值评估中技术指标的研究提供基础。

4.1 研究内容及框架

本章主要包括以下研究内容。

(1)指标体系及权重设置

运用专家调查法,结合调查问卷,构建专利技术水平评估指标体系,分为中枢指标和边缘指标。中枢指标为专利创造性程度指标;边缘指标包括技术生命周期、技术覆盖范围、权利要求项、同族专利、专利引证情况、专利权人实力和法律状态等指标。进一步基于构建的指标体系,采用层次分析法和专家调查法构建指标判断矩阵,计算出各级指标权重,并进行一致性检验,使权重的设置更科学合理。

（2）专利技术水平计算

在对各级指标含义深入分析的基础上，分别计算中枢指标分值和边缘指标分值。中枢指标分值的计算为：综合了待对比专利文献的相似度、审查员关于创新性的审查意见、申请人关于创造性的答复意见、专业技术人员对专利技术内容的深度解读。边缘指标分值的计算为：综合了各边缘指标权重，并针对具体的、不同的实际评估目的，运用求和函数计算 7 个边缘指标分值。再对中枢指标分值和边缘指标分值加权求和，计算专利技术水平分值。

（3）实证研究

选取两项专利技术，结合提出的专利技术水平评估指标体系，通过德温特专利数据库进行相关专利信息的检索和获取，利用本书提出的方法计算专利技术水平分值，并将所得评估结果与日本专利分析公司 Patent Result 的评估结果进行对比分析，进一步验证所提出的专利技术水平评估指标体系和方法的有效性和合理性。

本章的主要研究思路框架如图 4.1 所示。

4.2　专利技术水平评估指标体系构建

从指标的选取、指标体系的构建原则和构建框架、指标含义阐述等方面构建专利技术水平评估指标。目前，国内外对技术水平的评估主要是与技术评估和技术预测相结合，采取科学的方法从各个方面系统地对技术进行评估的活动[1]。从技术评估的方法上来看，对技术水平评估多使用德尔菲法[2]、层次分析法[3]等。本章以调查问卷的形式充分调研专家对专利技术水平评估指标选取的意见，对专家意见进行深入的分析整理，结合精细加工可能性模型的相关原理，从中枢指标和边缘指标 2 个角度对选取的指标进行分类，中枢指标为专利创造性程度指标；边缘指标包括技术生命周期、技术覆盖范围、权利要求项、同族专利、专利引证情况、专利权人实力、法律状态等指标，对各级指标含义进行具体阐述。基于专利技术水平评估指标体系的构建原则，最终形成 8 个一级指标和若干个二级指标的专利技术水平评估指标体系。

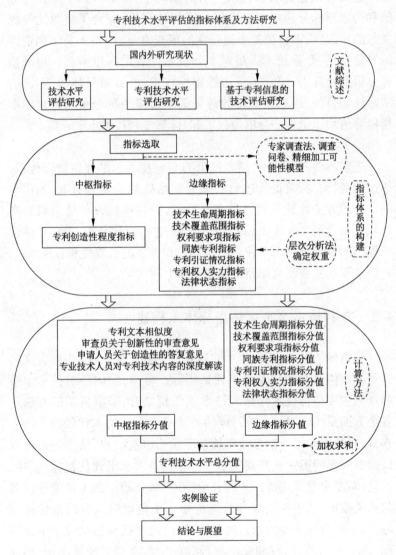

图 4.1　本章的研究思路框架

4.2.1　构建思路

本书中专利技术水平评估指标体系的构建主要经过了以下几个过程。

问卷设计:通过文献调研对技术水平评估指标、专利技术水平评估方法、基于专利信息的技术评估指标和方法进行统计整理,形成问卷。

问卷分析:结合问卷结果和专家建议进行统计分析。

指标选取:根据问卷结果充分考虑专家建议和研究实际,选取专利技术水平评估指标。

指标体系构建:引入和改进了精细加工可能性模型的部分原理,从中枢指标和边缘指标两方面进行构建。具体构建思路如图4.2所示。

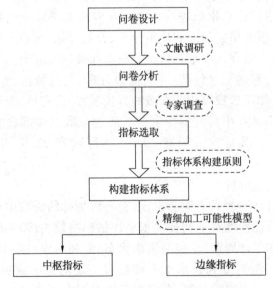

图 4.2　专利技术水平评估指标体系构建思路

4.2.2　指标选取

在文献调研的基础上,向专家发放调查问卷和访谈,整理分析专家意见,最终选取专利技术水平评估相关指标。

（1）问卷设计

目前国内外对专利评估指标的研究由专利价值评估带动[4],认为专利价值包括专利技术价值、经济价值、私人价值、市场价值等[5]。通过分析现有的专利评估指标,调研了关于技术评估相关研究、专利技术水平评估相关指标、基于专利信息的技术评估指标及方法,结合本书所研究的角度,选择可供量化的专利技术评估指标。研究对象为已授权的专利技术,研究角度为单项专利的技术水平,而非一组专利或专利集合的技术水平,仅用于测量企业,产业或某一技术领域的相关指标并不适用。对相关领域的专家发放专利技术水平评估指标体系的调查问卷(见附录4A),由专家对相应的评估指标进行选取。在专家的选取上坚持以下原则:专家从事的研究为专利情报分析、专利评估、知识产权等相关研究领域;专家在从事专利情报分析等相关领域的研究时间不少于5年。选取的专家包括:专利情报分析、信息情报、专利分析、专利评估、知识产权等相关领域的高校教授、研究员,专利事务所的专利分析师及中科院的专家等。问卷采取纸质问卷和电子问卷2种形式,共计发放问卷30份,实际收回22份,有效问卷20份。

（2）问卷分析

通过分析整理调查问卷发现,在一级指标的选取中全部专家均认为创造性程度对专利技术水平评估影响较大;90%的专家认为专利技术生命周期、专利的法律状态、专利的权利要求项、专利技术覆盖范围对专利技术水平评估有一定的影响或影响较大;80%的专家认为同族专利、专利引证情况对专利技术水平评估有一定的影响或影响较大;60%的专家认为专利权人实力对专利技术水平评估有一定的影响或影响较大。

在二级指标的选取中,90%的专家选择技术周期时间(TCT)、专利诉讼情况、专利维持时长、独立权利要求项数量、同族专利数量、专利施引频次作为专利技术水平评估指标体系的二级指标；80%的专家选择专利转让情况、从属权利要求项数量、合案申请情况、专利引用频次、IPC 分类号数量作为专利技术水平评估指标体系的二级指标；70%的专家选择同族专利中三方专利数量、专利自引率、专利权人的专利申请量作为专利技术水平评估指标体系的二级指标；60%的专家认为专利权人的类型和专利失效原因可以作为专利技术水平评估指标体系的二级指标。

在**技术生命周期指标**选取上，80%的专家认为技术发展阶段和技术周期时间可以作为衡量技术生命周期的指标，技术发展阶段是从专利所涉及的技术领域进行宏观分析，分析其所处的技术领域或者技术环境的实际发展情况，而技术周期时间则是从某一项专利技术出发，更加直接地分析专利技术的更新速度，与专利创新性程度有关。从宏观和微观 2 个角度，可以较好地对专利技术的技术生命周期有一个准确的认识。

在**技术覆盖范围指标**选取上，有专家提出专利技术范围也可以考虑该项技术实际应用的领域，用以和审查员给出的 IPC 号所表征的技术领域相结合，从而进一步确定技术覆盖范围。本书在技术覆盖范围的一级指标下增加"专利应用领域数量"这一二级指标。考虑到数据的可获取性和可操作性，对专利应用领域数量的衡量数据为德温特专利数据库提供的德温特分类号。

在**权利要求项指标**选取上，选择独立权利要求数量和从属权利要求数量作为衡量指标。有专家提出了合案申请情况这项指标，《专利法》规定属于一个总的发明构思的两项或多项发明可作合案申请，此时的一个专利会有多个独立权利要求。考虑到合案申请仍是分析独立权利要求数量，为了防止指标重复计算，选择独立权利要求数量和从属权利要求数量作为二级指标。

在**同族专利指标**选取上，有专家提出不应仅仅涉及同族专利数量，应该考虑同族专利申请国的经济水平，考虑同族专利申请国是发达国家还是发展中国家。基于这一点，增加"同族专利申请国水平"这一指标,考虑到"同族专利中三方(美、欧、日)专利数量"这一指标与同族专利申请国水平有一定的相关性和相似性,所以不选择。选择同族专利数量、同族专利申请国数量、同族专利申请国经济水平组成作为同族专利的指标。

在**专利引证情况指标**选取上,有专家提出专利自引率和科学关联度可以作为评估指标,通过征集其他专家的意见,90%的专家认为专利施引情况和专利引用情况已经足以说明专利的引证情况,建议只设置专利施引频次和专利引用频次作为专利引证情况的二级指标。结合专家意见,选择专利施引频次和专利引用频次作为本书专利引证情况的评估指标。

在**专利权人实力指标**选取上,70%的专家认为专利权人专利申请量和专利权人类型对专利技术水平评估有影响。同时,有专家指出可以从企业、高校、科研院所和个人4个角度对专利权人类型进行分类,本书接受这一建议,并在专利权人类型中参考这4个角度的分类方法。

在**法律状态指标**选取上,选择专利诉讼情况、专利维持时长、专利转让情况等二级指标。有专家认为可以选择失效原因作为衡量专利技术水平评估的指标。专利失效原因主要包括:专利权届满终止、专利权视为放弃、专利权主动放弃、专利权被无效、专利权被撤销、未缴纳年费而在专利权有效期届满前终止专利权[6]等。虽然不同的失效原因从一定程度上能反映不同的专利价值,但专利一旦失效后其专利权即刻不复存在,可以随意使用盈利,就不存在交易价值评估问题。因此,本书不选择专利失效原因作为法律状态的二级指标,而选择与专利技术关系密切的专利诉讼情况、专利转让情况和专利维持时长作为专利法律状态方面的指标。

4.2.3 专利技术水平评估指标体系构建原则

本书基于以下原则构建专利技术水平评估指标体系。

科学性:科学性贯穿于专利技术水平评估指标体系构建的每一个环节之中,具体体现在指标的选择上,运用专家调查法和文献调研法来进行指标的选择和指标体系的构建。专利技术水平评估指标体系是定性和定量相结合的结果,不可主观臆断,必须具有科学性才能具有实践意义。

系统性:专利技术水平评估指标体系是由一级指标、二级指标构成,在对不同的指标进行分析时,要正确处理单项指标与整个指标体系的关系。

客观性:专利数据必须是客观的数据,专利指标的定义是无歧义的;专利技术水平评估结论是客观的。

层次性:专利技术水平评估指标体系的结构是具有层次逻辑性的,在指标构建上应该分层列举指标,从不同层次、不同方面对专利技术水平指标体系进行描述。

全面性:专利技术水平评估指标体系的构建不仅要考虑专利文献中体现的内容特征,还要考虑到与技术相关的指标;除了常见的指标,一些被忽略的指标也应考查,例如技术生命周期、技术覆盖范围。

实用性:将专利技术水平评估指标体系与实践相结合,为技术水平评估、专利技术评估、专利价值评估及企业购买、维持、转让专利等提供科学参考。

指导性:专利技术水平评估应该为实际的专利活动、科技创新活动、经济发展活动等起指导作用,为今后的技术水平评估提供参考。

可操作性:专利指标的选择及专利指标体系的构建不应只停留在理论阶段,还应考虑其可操作性。

可测度性:专利指标具有良好的数据获得性,数据来源客观便利,从而可以方便获取目标数据,进行数据的量化处理。

4.2.4　专利技术水平评估指标体系整体框架构建

分析选取的指标数据,其中专利创造性程度指标需要对专利技术方案进行深入解读,其他指标不涉及具体技术方案解读。指标信息分析加工程度的不同导致指标对评估目标的作用和效果的不同。本书引入并改进精细加工可能性模型(ELM)的相关原理,从中枢指标和边缘指标 2 个角度构建专利技术水平评估指标体系。精细加工可能性模型由 Petty R E 和 Cacioppo J T 提出,是用于解释说服效益的一个模型。ELM 的核心在于把说服人的路径归纳为中枢路径和边缘路径,这 2 条路径的主要区别在于对信息深入处理的程度[7]。中枢路径是指个人经过详尽的认知和信息加工,仔细分析相关问题,形成对目标的最终态度;边缘路径是指个体通过较少的认知努力,依赖一些简单的表面信息来形成对目标的最终态度。

本章所指的中枢指标即通过对评估目的、评估内容进行深入分析,考虑到具体专利技术方案的解读,与专利文献内在内容特征相关程度高的指标;边缘指标是指不涉及具体技术方案解读,不涉及对专利文献内容特征进行深度挖掘分析和信息加工的外围指标。结合调查问卷结果和专家意见,共选取专利创造性程度、技术生命周期、技术覆盖范围、权利要求项、同族专利、专利引证情况、专利权人实力、法律状态 8 个一级指标和若干个二级指标作为专利技术水平评估的指标。对选取的指标进行分析整理发现,专利创造性程度指标需要对专利的具体技术方案进行解读,并对专利内容进行深入挖掘分析;其余 7 项指标的相关数据和信息均不涉及具体技术方案的解读,无须对专利技术本身进行深入了解和加工。本书中专利创造性程度衡量是结合专利文本相似度、审查员关于创新性的审查意见、申请人关于创造性的答复意见、专业技术人员对专利技术内容的深度解读来综合评估的。具体的评估指标体系包含以下 8 个一级指标和若干个二级指标,如表4.1 所示。

表4.1 专利技术水平评估指标体系

目标层		一级指标	二级指标
专利技术水平评估指标体系	中枢指标	专利创造性程度	专利文本相似度
			审查意见
			答复意见
			专业技术人员评价
	边缘指标	技术生命周期	技术发展阶段
			技术周期时间
		技术覆盖范围	IPC分类号的数量
			实际应用领域数量
		权利要求项	独立权利要求项数量
			从属权利要求项数量
		同族专利	同族专利数量
			同族专利申请国数量
			同族专利申请国经济水平
		专利引证情况	专利施引频次
			专利引用频次
		专利权人实力	专利权人类型
			专利权人的专利申请量
		法律状态	专利诉讼情况
			专利维持时长
			专利转让情况

4.2.5 中枢指标

根据《中华人民共和国专利法》第二十二条规定,授予专利权的发明和实用新型,应当具备新颖性、创造性和实用性。专利创造性是指同申请日之前现有技术相比,该发明具有突出的实质性特点和显著的进步,该实用新型具有实质性特点和进步。创造性是专利授权的重要实质条件。目前,国内对专利创造性的判断都有相应的评判标准,即在判断发明是否具有创造性时,要求发明相对于现有技术是非显而易见的。国内判断专利创造性方法主要为"三步法"[8]:确定目标专利最接近的技术领域;确定该专利与其他相似专利的区别和技术特征;判断该专利相对于该技术领域的人员来说,是否是显而易见的[9]。以美国为代表,国外对专利创造性判断主要采用的是 Graham 检验要素标准,即现有技术的范围与内容;现有技术与权利要求的区别;明确相关领域的普通技术水平;辅助判断标准。为了使判断的结果更加客观化,美国联邦巡回上诉法院(CAFC)通过判例确立了 TSM 标准,在创造性判断过程中涉及对比、综合审查因素[10]。专利创造性的判断结果经常受到争议,原因在于专利创造性判断常具有较强的主观性,因此,尽量使专利创造性标准显得客观化仍是国内外研究的难点。

国内外专利申请过程中,审查员依据一定的方法和程序对专利创造性进行判断,审查员的意见从一定程度上能反映专利创造性程度;同时,针对审查意见中指出的具体事实理由,专利申请人可以进行答复;审查意见和答复意见对专利创造性程度的判断非常重要。除此之外,相关技术领域的专家从技术内容特征和技术应用的角度,通过对专利技术内容的深度解读,对专利技术创造性进行评价。专利创造性程度的高低,不仅直接关系到专利的授权和审查,更重要的是直接关系到专利是否具有实质性的特点和显著的进步,对专利技术水平具有较大的意义。一般来说,专利创造性程度越高,说明该项专利技术在现有技术领域中,具有显著的进步和价值。因此,本书认为专利的创造性程度与专利技术水平之间存在必然联系,在一定程度上能体现技术水平的高低。

本书对专利技术创造性的判断主要从专利文本相似度、审查员关于创新性的审查意见、申请人关于创造性的答复意见、专业技术人员对专利技术内容的深度解读4个方面进行考虑。一般来说,若专利文本相似度越高,则两项专利技术的技术要点就越相似,其中先申请的专利技术相对于后申请的专利技术而言,其专利创造性程度就较低。本书结合之前笔者的课题组研究成果,通过待对比专利文献相似度来判断专利创造性程度。

4.2.6 边缘指标

(1) 技术生命周期

生命周期的概念来源于自然生态系统。Philip Anderson 等把生命周期理论应用于技术领域,认为技术的发展是存在阶段性的[11]。技术从出现到衰退表现出明显的阶段性,分为萌芽期、成长期、成熟期和衰退期。萌芽期:技术处在新发明阶段,不断有新的创新促进其发展,技术水平不断提高;成长期:技术进入快速发展阶段,创新速率提升,技术水平较高;成熟期:技术创新速度和发展速度趋于平缓,但仍旧保持在一个较高的水平,其技术水平达到最高点;衰退期:技术创新速度逐渐变慢,出现更多其他可替代技术,其技术水平下降。

目前基于专利信息出发,对技术生命周期进行研究的方法主要有专利指标法、相对增长率法、技术生命周期图法、技术周期时间法、S 曲线法[12-14]。不同的研究方法有其不同的适用条件。本书采用 S 曲线法和 TCT 法来进行专利技术生命周期的判断。早在1986 年,美国学者 Richard N. Foster 就提出了 S 曲线模型[15],认为用 S 曲线可以表示出技术发展的阶段,预测技术发展的趋势。专利活动会随着生命周期的不同而呈现不同的态势,以年份为横轴,以专利累计申请数量为纵轴作图,可对专利的技术生命周期进行分析。技术周期时间(TCT)由 Narin 等[16]提出,用于衡量技术更新速度,在实际工作中主要用来评价单件专利的技术生命周期。TCT 计算法基于以下理论:技术生命周期可以用专利在其申请文件扉页中所有引证文献技术年龄的平均数表示,也有采用所有引证文献技术年龄的中间数表示。本书选择用技术年龄的平均数来表示。如果一项专利技术和另一项在相同技术领域的专利技术相比,拥有较短的技术循环周期,则该项技术相对于另一项技术而言,往往拥有技术革新的优势,更具有创新性,其技术水平就相对较强[17]。

（2）技术覆盖范围

一项专利可能涉及和应用于多个技术领域。专利技术涉及和应用范围较广时，从某种程序上来说，表明其在更多的技术领域都有交叉涉及和应用，即该项专利技术具有更广泛的实用性[18]和技术价值，在一定程度上表明其技术水平较高。判断专利技术的技术领域的重要指标为IPC号（国际专利分类号）。审查员在审查专利时，会根据该专利所属技术领域给每项专利分配一个或多个IPC号。除此之外，专利技术根据其技术要点也会有对应的应用领域，往往比其IPC号所代表的技术领域更广。德温特数据库根据专利技术不同的应用领域分配给每项专利不同的德温特分类号。本书将原专利说明书中给出的IPC分类号的数量和德温特分类号相结合，作为衡量技术覆盖范围的重要指标。

（3）权利要求项

各项独立权利要求或从属权利要求所组成的权利要求书所界定的范围为法律保护的范围[19]。独立权利要求包括解决所提出的技术问题的全部必要技术特征，是本专利受法律保护的最宽范围。《专利法》规定属于一个总的发明构思的两项或多项发明可作合案申请，此时的一个专利会有多个独立权利要求。除了独立权利要求，专利往往还包括从属权利要求。从属权利要求往往提供专利技术的优选方案，且能使侵权行为判断更清晰。从属权利要求越多，表明本专利的优先方案越多。

国外早有研究发现权利要求项数量可以反映专利的技术创新能力，往往专利价值越高的专利，其权利要求项的数量就越多。Lanjouw等[20]使用专利要求项数量构建专利质量指数。Tong 等[21]研究表明权利要求项数量越多，技术创新能力越强。结合法律对专利的权利要求规定，本书认为独立要求项数量越多，专利技术水平越高；从属权利要求项数量越多，专利技术水平越高。本书将独立权利要求项数量和从属权利要求项数量情况作为衡量专利技术水平的重要指标。

（4）同族专利

专利保护的地域性和不同的专利审批制度,形成一组由不同或相同国家出版的内容相同或基本相同的专利文献[22]。每组专利文献中的每件专利说明书之间,通过优先权相互联系在一起,成为一个专利家族,又叫同族专利。同族专利的概念外延较广,专利族一般被分为简单同族专利和复杂同族专利两类[23]。简单同族专利指一组同族专利中的所有专利都以共同的一个或共同的几个为优先权;复杂同族专利为同族专利中的每个专利都有一个或一个以上的优先权,但它们中至少有一个共同优先权。德温特同族专利属于简单专利族,每个成员都与其他各成员共享完全一致的优先权,故本书以德温特同族专利为分析对象。

专利的国际申请及国外专利权的维持需要缴纳很大一笔费用。如果一个发明创造不只是在申请人本国提出申请,同时在其他国家也提出申请,则在一定程度上表明这项技术具有国际市场占用率。同族专利数量在一定程度上能够反映该专利技术的市场价值和技术价值。若一项技术的同族专利越多,则往往能在一定程度上说明这项技术越重要,专利技术水平越高[24]。国外专利申请和维护的成本远高于国内。针对经济效益和技术水平较高的专利技术,专利权人会在不同国家申请同族专利以保护其专利权,国外专利申请国的数量在很大程度上可以体现出专利技术水平的高低。国家的经济水平往往会影响国家技术发展速度和技术层次,专利申请国的经济水平的高低在一定程度上也能反映在该国申请的专利技术水平的高低。本书在对专利申请国的数量进行分析时,将其与国家的经济水平结合起来,将专利申请国根据其经济发展水平的高低分为发达国家和发展中国家两类。本书将德温特同族专利数量、专利申请国的数量、专利申请国经济水平作为衡量专利技术水平的重要指标。

（5）专利引证情况

专利引证是专利分析中的常用分析方法,体现专利权人对专利相关技术的沿用和技术之间的继承关系。通过专利引证信息的研究,可识别技术的演进路线和发展趋势,发现技术竞争者[25]。国内外一些研究将专利引证作为识别高价值专利、判断技术重要性的指标。专利引证分为专利施引和专利引用。专利施引表示目标专利被其他专利文献引用(即被引);专利引用表示目标专利引用其他专利文献。专利施引频次和专利引用频次从一定程度上说明技术的发展水平和发展趋势[26]。本书认为某项专利技术的施引频次越高,该项技术可能属于基础性技术或领导性技术,具有较高的经济价值和技术水平;某项专利技术的引用频次越高,说明这项技术可能属于新兴技术,或者可能是对在先专利技术的进一步改进。本书将专利施引频次和专利引用频次作为衡量专利技术水平的重要指标。

(6)专利权人实力

专利权人是专利权的所有人及持有人的统称,是享有专利权的主体,包括专利权所有人和持有人。前者可以是公民、集体所有制单位、外贸企业、中外合资企业,后者是全民所有制单位。专利权人包括原始取得专利权的原始主体和继受取得专利权的继受主体。专利权人享有法律所赋予的权利,也要承担法律所规定的义务。专利权人的实力越强,所持有的专利价值相对越高[27]。不同的专利权人,受到人力、资金、物力的影响,其技术实力也会有所差别。企业由于扩大规模和申报高新企业等的现实需求,可能会有意识地申请专利,甚至是凑数,导致专利技术水平参差不齐。大型创新型公司的专利往往比小企业的专利更有技术含量和价值。从这个角度看,个人、科研机构和高校为专利权人拥有的专利技术的市场价值和技术价值高于专利权人为企业的专利技术。此外,本书认为专利权人拥有的专利量的多少,也是衡量专利权人实力的重要指标。

(7)法律状态

《中华人民共和国专利法》和《中华人民共和国专利法实施细则》指出,专利的法律状态信息包括专利的申请、授权、有效期限、转让或失效等。通过专利的法律状态,可了解专利诉讼情况、专利的维持时长、专利转让情况和专利失效原因等。专利的法律状态在技术转让、技术价值评估、新产品开发、侵权诉讼等方面都起重要的作用,故在进行专利技术转让、专利技术引进、专利价值评估时要对专利法律状态进行分析[28]。因此,法律状态是专利技术评估的重要内容,能在某种程度上客观地反映相关领域的技术研发和竞争状况,揭示专利技术水平。

专利诉讼情况是指目标专利是否涉及诉讼活动。专利在诉讼过程中需要花费大量的时间和费用,因此引起法律纠纷的专利在一定程度上都是技术含量高、价值大的专利[29]。同时,技术水平较高的专利,市场价值往往较大,容易招到同行竞争对手的模仿,导致遭遇专利诉讼的可能性较大。遭遇并成功通过诉讼的专利,从某种程度上说明其市场价值和技术价值较高。

专利维持时长是指专利从申请日或者授权之日至终止、撤销或者届满之日的实际时间,若专利还在有效期内,则指已经维持的年数。我国专利维持时间是从专利申请日起算。专利权的维持需要缴纳年费,随着时间的推移,专利年费大幅度增长。专利权的维持时间越长,缴纳的年费越多。若专利维持时间越长,说明该专利技术为专利权人带来经济效益的可能性就越大,则该专利技术的经济价值或质量就越高[30],也说明其具有更好的市场价值和技术水平;若专利权维持时间较短,通常认为该专利技术的价值和水平相对较低。

专利转让是指专利权人作为转让方,将其发明创造专利的所有权或持有权移转受让方。专利技术的转让情况是考察专利重要程度的指标之一,存在专利转让的专利技术,说明该专利技术具有一定的经济价值和技术价值。

以上法律状态中,专利诉讼情况、专利转让情况和专利维持时长是本章重点考察的二级指标。

4.3　专利技术水平评估指标权重设置

对边缘指标权重的确定,本书采用层次分析法,最终确定各个指标的具体权重。通过设计《专利技术水平评估指标权重调查问卷》(见附录4B),对30名专家发放问卷。调查的对象包括:专利情报分析、信息情报、专利分析、专利评议、知识产权等相关领域的高校教授、研究员,专利事务所的专利分析师及中科院的专家等。对反馈的问卷进行整理,筛选出20份进行分析整理。选择专利创造性程度为专利技术水平中枢指标,对专利创造性程度的评价主要从专利文献总体相似度、审查员关于创新性的审查意见、申请人关于创造性的答复意见、专业技术人员对专利技术内容的深度解读4个方面进行。结合笔者课题组先前有关专利文本向量空间语义表示与相似度计算的研究成果,通过待对比专利文献相似度值来判断专利创造性程度;再结合审查员关于创新性的审查意见、申请人关于创造性的答复意见、专业技术人员对专利技术内容的深度解读综合进行评价。

从中心特征和外围特征2个角度,分别计算中枢指标分值和边缘指标分值,然后进行加权求和,得到专利技术水平分值。中枢指标分值计算:首先将待对比专利文献的相关要素表示成含有语义信息的向量;结合核函数计算出专利文献中专利名称、摘要、权利要求、说明书的相似度值,然后根据字符串匹配计算主分类号的相似度值;最后加权求和得出专利文献的总体相似值。边缘指标分值计算:根据已构建的指标体系及其权重,计算出技术生命周期、技术覆盖范围、权利要求项、同族专利、专利引证情况、专利权人实力、法律状态等指标分值。运用加权求和对中枢指标和边缘指标进行计算,最终得到专利技术水平分值。

4.3.1 层次分析法

层次分析法(AHP)由美国学者萨蒂(Saaty T L)提出,是一种将定性和定量分析方法相结合的多目标决策分析方法:首先将所研究的问题划分为若干层次,然后结合专家意见比较判断同一层次两两指标之间的重要程度,根据重要程度分值构建判断矩阵,计算出判断矩阵的最大特征根及对应特征向量,得出不同层次各指标的权重。此方法操作性强、简单实用,适用于多层次、多目标评价指标体系[31]。本章构建的指标体系中指标数量多,既包含定量的指标也包含定性的指标,因此选择由专家根据层次分析法的要求进行打分,使得权重分配更为客观。

(1) 建立层次分析结构

结合研究目的和专家意见,对待评估目标所涉及的因素进行分类,构造各因素之间相互联结的递阶层次结构,即专利技术水平评估指标体系。

(2) 构建判断矩阵

在建立层次分析结构的基础上,构建两两比较的判断矩阵,即

$$A = \begin{pmatrix} a_{11} & a_{12} & \cdots & a_{1n} \\ a_{21} & a_{22} & \cdots & a_{2n} \\ \vdots & \vdots & & \vdots \\ a_{n1} & a_{n2} & \cdots & a_{nn} \end{pmatrix} = (a_{ij})_{n \times n}$$

式中,数值 a_{ij} 表示要素 A_i 与要素 A_j 比较的相对重要性。

判断矩阵 A 有以下性质:$a_{ij} > 0$,$a_{ij} = 1/a_{ji}$,矩阵对角线为各要素自身的比较,即 $a_{ii} = 1$。a_{ij} 的值越大,表示要素 A_i 相对于要素 A_j 的重要性越大。若要素 A_i 与要素 A_j 的重要性之比为 a_{ij},那么要素 A_j 与要素 A_i 重要性之比为 $a_{ji} = 1/a_{ij}$,即为其倒数。例如,对于目标 A 而言,A_i 比 A_j 明显重要,则 a_{ij} 为 5,a_{ji} 为 1/5,要素比较时采用 1 ~ 9 的标度方法,如表 4.2 所示。

表 4.2　Saaty 评分标准具体判断标度

标度	含义
1	表示两元素相比,具有同等重要性
3	表示两元素相比,前者比后者稍重要
5	表示两元素相比,前者比后者明显重要
7	表示两元素相比,前者比后者强烈重要
9	表示两元素相比,前者比后者极端重要
2,4,6,8	表示上述相邻判断的中间值

（3）权重计算过程和一致性检验方法

层次分析法中,最根本的计算任务就是求解判断矩阵的最大特征值及其所对应的特征向量。求解判断矩阵的最大特征值和特征向量,主要有和积法、方根法、幂法和最小二乘法[32],此处选取和积法对构建的判断矩阵进行计算。

① 权重计算

设判断矩阵为 $A = (a_{ij})_{n \times n}$,用和积法计算该判断矩阵特征向量的具体计算步骤如下。

第一步,将判断矩阵 A 中的每一列元素做归一化处理:

$$\overline{a_{ij}} = a_{ij} \Big/ \sum_{k=1}^{n} a_{kj}, \ i = 1,2,\cdots,n, \ j = 1,2,\cdots,n$$

第二步,将归一化后的判断矩阵按行相加:

$$\overline{W_i} = \sum_{j=1}^{n} \overline{a_{ij}}, \ i = 1,2,\cdots,n$$

第三步,将相加后的向量除以 n 即得权重向量:

$$W_i = \overline{W_i}/n$$

第四步,计算最大特征值:

$$\lambda_{\max} = \frac{1}{n} \sum_{i=1}^{n} \frac{(Aw)_i}{w_i}$$

式中,$(Aw)_i$ 表示向量 (Aw) 的第 i 个分量。

② 一致性检验

判断矩阵一致性问题主要是指在决策过程中事物在逻辑上的次序一致性,以及事物在逻辑上关于重要性程度的传递性。当偏离一致性时,该判断矩阵就不合理。此处用一致性比率指标 CR 来判断矩阵是否具有满意一致性,$CR = CI/RI$。RI 为平均随机一致性指标,取值见表 4.3;CI 的计算公式如下:

$$CI = \frac{\lambda_{\max} - n}{n - 1}$$

表 4.3　平均随机一致性指标 *RI* 的取值

n	1	2	3	4	5	6	7	8	9	10
RI	0	0	0.58	0.90	1.12	1.24	1.32	1.41	1.45	1.49

$CR = 0$ 时,判断矩阵具有完全一致性;$CR < 0.1$ 时,矩阵具有满意一致性;$CR > 0.1$ 时,矩阵不具有一致性。对判断矩阵进行调整并重新计算 CR 值,直到满足要求为止。

4.3.2　指标权重的确定

通过对 20 份调查问卷的整理分析,得到相应的判断矩阵,如表 4.4 所示。根据上述计算方法,对判断矩阵进行计算并进行一致性检验,如表 4.5 ~ 表 4.11 所示。

表 4.4　指标 X 判断矩阵

指标	技术生命周期	技术覆盖范围	权利要求项数	同族专利	专利引证情况	专利权人实力	法律状态
技术生命周期	1	1/2	1/3	1/7	1/3	1	1/5
技术覆盖范围	2	1	1	1/7	1/3	1	1/5
权利要求项	3	1	1	3	1/3	2	1/5
同族专利	7	7	1/3	1	4	7	2
专利引证情况	3	3	3	1/4	1	3	1/2
专利权人实力	1	1	1/2	1/7	1/3	1	1/5
法律状态	5	5	5	1/2	2	5	1

经计算可得权重向量为 $W_X = (0.0414, 0.0578, 0.0749, 0.3897, 0.1399, 0.0468, 0.2494)$;$\lambda_{\max} = 7.2021$;$CI = 0.034$;

$$CR = \frac{CI}{RI} = 0.025 < 0.1,$$矩阵具有满意的一致性。

表4.5　技术生命周期指标 C_1 判断矩阵

指标	技术发展阶段	技术周期时间
技术发展阶段	1	3
技术周期时间	1/3	1

经计算可得权重向量为 $W_{C_1} = (0.75, 0.25)$；$\lambda_{max} = 2$；$CI = 0$；$CR = \dfrac{CI}{RI} = 0 < 0.1$，矩阵具有满意的一致性。

表4.6　技术覆盖范围指标 C_2 判断矩阵

指标	IPC 分类号数量	技术实际应用领域数量
IPC 分类号数量	1	3
技术实际应用领域数量	1/3	1

经计算可得权重向量为 $W_{C_2} = (0.75, 0.25)$；$\lambda_{max} = 2$；$CI = 0$；$CR = \dfrac{CI}{RI} = 0 < 0.1$，矩阵具有满意的一致性。

表4.7　权利要求项指标 C_3 判断矩阵

指标	独立权利要求项数量	从属权利要求项数量
独立权利要求项数量	1	5
从属权利要求项数量	1/5	1

经计算可得权重向量为 $W_{C_3} = (0.8333, 0.1667)$；$\lambda_{max} = 2$；$CI = 0$；$CR = \dfrac{CI}{RI} = 0 < 0.1$，矩阵具有满意的一致性。

表4.8　同族专利指标 C_4 判断矩阵

指标	同族专利 数量	同族专利 申请国数量	同族专利 申请国经济水平
同族专利数量	1	1/3	2
同族专利申请国数量	3	1	4
同族专利申请国经济水平	1/2	1/4	1

经计算可得权重向量为 $W_{C_4} = (0.239, 0.624, 0.137)$；$\lambda_{max} = 3.0153$；$CI = 0.008$；$CR = \dfrac{CI}{RI} = 0.014 < 0.1$，矩阵具有满意的一致性。

表 4.9　专利引证情况指标 C₅ 判断矩阵

指标	专利施引频次	专利引用频次
专利施引频次	1	5
专利引用频次	1/5	1

经计算可得权重向量为 $W_{C_5} = (0.8333, 0.1667)$；$\lambda_{max} = 2$；$CI = 0$；$CR = \dfrac{CI}{RI} = 0 < 0.1$，矩阵具有满意的一致性。

表 4.10　专利权人实力指标 C₆ 判断矩阵

指标	专利权人类型	专利权人的专利申请量
专利权人类型	1	1/5
专利权人的专利申请量	5	1

经计算可得权重向量为 $W_{C_6} = (0.1667, 0.8333)$；$\lambda_{max} = 2$；$CI = 0$；$CR = \dfrac{CI}{RI} = 0 < 0.1$，矩阵具有满意的一致性。

表 4.11　法律状态指标 C₇ 判断矩阵

法律状态指标	专利诉讼情况	专利维持时长	专利转让情况
专利诉讼情况	1	3	1
专利维持时长	1/3	1	1/2
专利转让情况	1	2	1

经计算可得权重向量为 $W_{C_7} = (0.4429, 0.1698, 0.3873)$；$\lambda_{max} = 3.0183$；$CI = 0.009$；$CR = \dfrac{CI}{RI} = 0.016 < 0.1$，矩阵具有满意的一致性。

运用数学方法,对构建的指标体系中的各级指标权重进行计算,得到专利技术水平评估指标体系的指标权重,如表 4.12 所示。

表 4.12　专利技术水平评估指标权重

目标层	一级指标	一级权重	二级指标	二级权重	指标权重
专利技术水平评估	技术生命周期	0.041 4	技术发展阶段	0.75	0.031 1
			技术周期时间	0.25	0.010 4
	技术覆盖范围	0.057 8	IPC 分类号数量	0.75	0.043 4
			技术实际应用领域数量	0.25	0.014 5
	权利要求项	0.074 9	独立权利要求项数量	0.833 3	0.062 4
			从属权利要求项数量	0.166 7	0.012 5
	同族专利	0.389 7	同族专利数量	0.239	0.093 3
			同族专利申请国数量	0.624	0.242 9
			同族专利申请国经济水平	0.137	0.053 5
	专利引证情况	0.139 9	专利施引频次	0.833 3	0.116 6
			专利引用频次	0.166 7	0.023 3
	专利权人实力	0.046 8	专利权人类型	0.166 7	0.007 8
			专利权人的专利申请量	0.833 3	0.039 0
	法律状态	0.249 4	专利诉讼情况	0.442 9	0.110 5
			专利维持时长	0.169 8	0.042 4
			专利转让情况	0.387 3	0.096 6

对其进行一致性检验:

$$CR = \sum_{i=1}^{n} a_i CI_i \Big/ \sum_{i=1}^{n} a_i RI_i$$

$$= \frac{0.041\,4 \times 0 + 0.057\,8 \times 0 + 0.074\,9 \times 0 + 0.389\,7 \times 0.009 + 0.139\,9 \times 0 + 0.046\,8 \times 0 + 0.249\,4 \times 0.009}{0.041\,4 \times 0 + 0.057\,8 \times 0 + 0.074\,9 \times 0 + 0.389\,7 \times 0.58 + 0.139\,9 \times 0 + 0.046\,8 \times 0 + 0.249\,4 \times 0.58}$$

$$\approx 0.016 < 0.1$$

CI_i 为上述 7 个一级指标各自对总目标的一致性指标，RI_i 为相应的平均随机一致性指标。经检验，总排序的结果具有满意的一致性：CR 的值小于 0.1，具有很好的一致性，表 4.12 中的指标权重设置具有一定的合理性，可应用于专利技术水平的计算。

研究发现，一级指标中指标权重排名前三的为同族专利指标、法律状态指标和专利引证情况指标；同族专利指标中专利申请国的数量权重最大；法律状态指标中，专利诉讼情况指标权重最大；专利引证情况指标中，专利施引频次权重最大。

4.4　专利技术水平计算

通过计算专利技术水平分值对专利技术水平进行评估，分别计算中枢指标分值和边缘指标分值：中枢指标分值即专利创造性程度分值；边缘指标分值即由 7 个指标分值相加求和组成的分值，包括技术生命周期指标分值、技术覆盖范围指标分值、权利要求项指标分值、同族专利指标分值、专利引证情况指标分值、专利权人实力指标分值及法律状态指标分值。

4.4.1　计算思路

专利技术水平评估总分值由中枢指标分值 X_1 和边缘指标分值 X_2 组成。中枢指标分值由专利创造性程度指标分值确定，通过专利文本相似度、审查员关于创新性的审查意见、申请人关于创造性的答复意见、专业技术人员对专利技术内容的深度解读 4 个方面相结合进行判断；边缘指标分值由技术生命周期指标分值、技术覆盖范围指标分值、权利要求项指标分值、同族专利指标分值、专利引证情况指标分值、专利权人实力指标分值、法律状态指标分值构成。对中枢指标分值和边缘指标分值加权求和得出专利技术水平评估的总分值。专利技术水平总分值具体计算流程如图 4.3 所示。

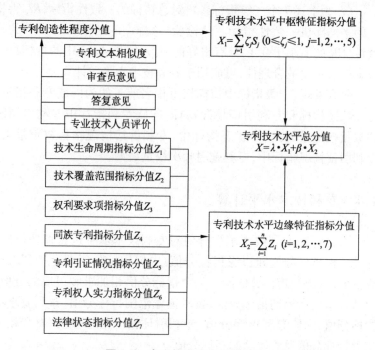

图 4.3　专利技术水平计算流程

4.4.2　中枢指标分值计算

中枢指标分值计算包括以下步骤：

步骤一：专利文献相关要素相似度计算。结合词包法和 IDF 规则对待对比的两项专利文献的名称、摘要、权利要求、说明书 4 个要素分别表示成向量 x_1,x_2,x_3,x_4 和 z_1,z_2,z_3,z_4；利用新核函数分别计算待对比专利文献的专利名称、摘要、权利要求、说明书 4 个要素各自对应的文本相似度分值 S_1,S_2,S_3,S_4。

步骤二：专利文献主分类号相似度计算。利用字符串比较算法计算不同专利文献主分类号之间的相似度，得到分值 S_5。

步骤三：专利文献的总体相似度计算。专利文献 5 个要素加权求和计算出专利创造性程度分值。

（1）专利文献相关要素相似度

将两项待对比的专利文献的专利名称、摘要、权利要求、说明书 4 个要素分别表示成对应的向量,各个要素的向量表示方法如下。

步骤一:将所有待对比的专利文献的整个集合称为文集,将出现在文集中的实词的集合称为词典;用词包法分别将待对比的两篇专利文献 DX 和 DZ 表示成两个词频向量 xx 和 zz:

$$\varphi:DZ \rightarrow zz = \varphi_1(Z) = (tf(t_1,z),(tf(t_2,z),\cdots,(tf(t_N,z)) \in \mathbf{R}^N$$

$$\varphi:DX \rightarrow xx = \varphi_1(X) = (tf(t_1,x),(tf(t_2,x),\cdots,(tf(t_N,x)) \in \mathbf{R}^N$$

式中,φ 为词包法映射关系,N 为所有待对比的专利文献中的实词构成的词典中实词的个数;t_i 为词典中的实词;$f(t_i,z)$ 表示实词 t_i 在专利文献 DZ 中出现的频率;$f(t_i,x)$ 表示实词 t_i 在专利文献 DX 中出现的频率;$i=1,2,\cdots,N$。

步骤二:不同的词对主题的重要程度不同,结合利用 TF-IDF 规则定义词项 t_i 的词频权重 $\omega_0(t_i)$ 来表达术语的重要程度,即通过某个词在特定文档中出现的频率来对词的信息重要程度进行量化。具体量化公式为

$$\omega(t) = \ln\left(\frac{l}{df(t)}\right)$$

式中,l 为文集中存在的专利文献的个数;$df(t)$ 是包含实词 t 的专利文献的个数;$\omega(t)$ 为逆文档频率 IDF 规则定义的衡量实词 t 的权重;进一步将专利文本 DX 和 DZ 进一步表示成专利文本向量 x 和 z。具体如下:

$$\varphi_3:zz_0 \rightarrow \varphi_3(zz_0) = (\omega_0(t_1)\omega(t_1)tf(t_1,zz),\omega_0(t_2)\omega(t_2)tf(t_2,zz),\cdots,\omega_0(t_N)\omega(t_N)tf(t_N,zz)) \in \mathbf{R}^N$$

$$\varphi_3:xx_0 \rightarrow \varphi_3(xx_0) = (\omega_0(t_1)\omega(t_1)tf(t_1,xx),\omega_0(t_2)\omega(t_2)tf(t_2,xx),\cdots,\omega_0(t_N)\omega(t_N)tf(t_N,xx)) \in \mathbf{R}^N$$

运用上述方法,分别将待对比的专利文献的专利名称、摘要、权利要求、说明书 4 个要素表示成对应的向量 x_1,x_2,x_3,x_4 和 z_1,z_2,z_3,z_4。

利用笔者先前研究成果中构建的新核函数进行专利文本相似度的计算,而关于新核函数作为核函数的理论证明,本书不再详述。新核函数 $k(\boldsymbol{x},\boldsymbol{z})$ 的形式为 $k(\boldsymbol{x},\boldsymbol{z}) = \log_2(\boldsymbol{x}^{\mathrm{T}}\boldsymbol{z} + 1)$,利用其计算待对比的两篇专利文献 DX 和 DZ 前 4 个各对应要素间的相似度 $S_j = k(x_j, z_j), j = 1, 2, 3, 4$,得出 S_1, S_2, S_3, S_4 的值。

（2）专利文献主分类号相似度

对待对比的两篇专利文献 DX 和 DZ 的主分类号,进行字符串匹配,比对计算两篇专利文献 DX 和 DZ 的主分类号之间的相似度,记为 S_5。具体计算过程:将待对比专利的主分类号依次按部、大类、小类、大组、小组的顺序从前往后进行比较,若待比较专利的主分类号完全相同,则 $S_5 = 1$;若大组号相同但小组号不同,则 $S_5 = 0.75$;若小类号相同,大组号不同,则 $S_5 = 0.5$;若大类号相同,小类号不同,则 $S_5 = 0.25$;若部号相同,大类号不同,则 $S_5 = 0.1$;若待对比专利的主分类号完全不同,则 $S_5 = 0$。

（3）专利文献相似度

根据上述计算步骤和计算方法,对待对比专利文献的名称、摘要、权利要求、说明书、主分类号各自的相似度分值进行计算,加权求和得到专利文献总体相似度分值,具体形式如下:

$$S = \sum_{j=1}^{5} \zeta_j S_j, \sum_{j=1}^{5} \zeta_j = 1$$

式中,$0 \leqslant \zeta_j \leqslant 1, j = 1, 2, \cdots, 5$。

在专利创造性程度的评价中,综合专利文本相似度、审查员关于创造性的审查意见、申请人关于创造性的答复意见及专业技术人员对专利技术内容的深度解读,从多个方面对专利创造性程度进行评价。将这 4 种判断角度相结合,灵活运用到专利创造性评价中,提高评价的科学性和合理性。

4.4.3　边缘指标分值计算

综合问卷调查、文献调研及专家访谈的结果,确定专利技术水平边缘特征指标分值,各级指标具体权重见表 4.12。

（1）技术生命周期指标分值

技术生命周期指标分值 Z_1 的计算方法为

$$Z_1 = WC_{11} \cdot a_1 + WC_{12} \cdot a_2$$

式中，WC_{11} 为技术发展阶段指标权重；WC_{12} 为技术周期时间指标权重；a_1，a_2 分别为技术发展阶段分值和技术周期时间分值。

设置：待评估专利技术所处生命周期为萌芽期时，$a_1 = 50$；待评估专利技术所处生命周期为成长期时，$a_1 = 75$；待评估专利技术所处生命周期为成熟期时，$a_1 = 100$；待评估专利技术所处生命周期为衰退期时，$a_1 = 25$。

技术周期时间根据待测专利技术申请文件扉页中所引用的所有专利技术年龄的平均年限表示，其中，专利技术年龄 = 专利授权年 - 所引用专利的授权年。

专利技术周期时间的计算公式为

$$TCT_i = \frac{\sum_{j=1}^{n} t_i - t_j}{n}, \quad i = 1, 2, \cdots, n$$

式中，t_i 为待评估专利的授权年；t_j 为所引用专利的授权年；n 为引用专利的个数。待评估专利技术周期时间 $E < 3$，$a_2 = 100$；$3 < E \leqslant 5$ 时，$a_2 = 75$；$5 < E \leqslant 10$ 时，$a_2 = 50$；$E > 10$ 时，$a_2 = 25$。

（2）技术覆盖范围指标分值

技术覆盖范围指标分值 Z_2 的计算过程为

$$Z_2 = WC_{21} \cdot a_3 + WC_{22} \cdot a_4$$

式中，WC_{21} 为 IPC 分类号数量指标权重；WC_{22} 为技术实际应用领域指标权重；a_3 为 IPC 分类号数量指标分值；a_4 为技术实际应用领域指标分值。技术应用领域指标以德温特分类号为参考数据。

设置：IPC 分类号的数量 $S = 1$ 时，$a_3 = 25$；$1 < S \leqslant 2$ 时，$a_3 = 50$；$3 < S \leqslant 5$ 时，$a_3 = 75$；$S > 5$ 时，$a_3 = 100$。技术实际应用领域的数量 $P = 1$ 时，$a_4 = 25$；$1 < P \leqslant 2$ 时，$a_4 = 50$；$3 < P \leqslant 5$ 时，$a_4 = 75$；$P > 5$ 时，$a_4 = 100$。

（3）权利要求项指标分值

权利要求项指标分值 Z_3 的计算方法为

$$Z_3 = WC_{31} \cdot a_5 + WC_{32} \cdot a_6$$

式中，WC_{31} 为独立权利要求项数量指标权重，WC_{32} 为从属权利要求项数量指标权重。a_5，a_6 分别为独立权利要求项数量指标分值、从属权利要求项数量指标分值。

设置：待评估专利技术独立权利要求项数量 $L = 1$ 时，$a_5 = 50$；$L = 2$ 时，$a_5 = 90$；$L > 2$ 时，$a_5 = 100$。待评估专利技术从属权利要求项数量 $M = 1$ 时，$a_6 = 25$；$1 < M \leqslant 5$ 时，$a_6 = 50$；$5 < M \leqslant 10$ 时，$a_6 = 75$；$M > 10$ 时，$a_6 = 100$。

（4）同族专利指标分值

同族专利指标分值 Z_4 的计算方法为

$$Z_4 = WC_{41} \cdot a_7 + WC_{42} \cdot a_8 + WC_{43} \cdot a_9$$

式中，WC_{41}，WC_{42}，WC_{43} 分别为同族专利数量指标、同族专利申请国数量指标、同族专利申请国经济水平指标权重；a_7，a_8，a_9 分别为同族专利数量指标分值、同族专利申请国数量指标分值、同族专利申请国经济水平指标分值。

设置：待评估专利技术的同族专利数量 $N = 1$ 时，$a_7 = 25$；$1 < N \leqslant 2$ 时，$a_7 = 50$；$2 < N \leqslant 5$，$a_7 = 75$；$N > 5$ 时，$a_7 = 100$。待评估专利技术的同族专利申请国数量 $K = 1$ 时，$a_8 = 25$；$1 < K \leqslant 2$ 时，$a_8 = 50$；$2 < K \leqslant 5$，$a_8 = 75$；$K > 5$ 时，$a_8 = 100$。待评估专利技术的同族专利申请国/地区（占同族专利数量50%以上）为发展中国家时，$a_9 = 25$；待评估专利技术的同族专利申请国/地区（占同族专利数量50%以上）为发达国家/地区时，$a_9 = 75$。

（5）专利引证情况指标分值

专利引证情况指标分值 Z_5 的计算方法为

$$Z_5 = WC_{51} \cdot a_{10} + WC_{52} \cdot a_{11}$$

式中，WC_{51}，WC_{52} 分别为专利施引频次指标、专利引用频次指标权重；a_{10}，a_{11} 分别为专利施引频次指标分值和专利引用频次指标分值。

设置:待评估专利的施引专利数 $Q=0$ 时,$a_{10}=25$;$0<Q\leqslant3$ 时,$a_{10}=50$;$3<Q\leqslant7$ 时,$a_{10}=75$;$Q>7$ 时,$a_{10}=100$。待评估专利的引用专利数 $R=0$ 时,$a_{11}=25$;$0<R\leqslant3$ 时,$a_{11}=50$;$3<R\leqslant7$ 时,$a_{11}=75$;$R>7$ 时,$a_{11}=100$。

（6）专利权人实力指标分值

专利权人实力指标分值 Z_6 的计算公式为

$$Z_6=WC_{61}\cdot a_{12}+WC_{62}\cdot a_{13}$$

式中,WC_{61} 为专利权人类型指标的权重;WC_{62} 为专利权人的专利申请量指标权重;a_{12} 为专利权人类型指标分值;a_{13} 为专利权人的专利申请量指标分值。

设置:专利权人为企业时,$a_{12}=25$;专利权人为科研机构、高校时,$a_{12}=50$;专利权人为个人时,$a_{12}=75$。专利权人的专利申请量 $H\leqslant50$ 时,$a_{13}=25$;$50<H\leqslant150$ 时,$a_{13}=50$;$150<H\leqslant300$ 时,$a_{13}=75$;$H>300$ 时,$a_{15}=100$。

（7）法律状态指标分值

法律状态指标分值 Z_7 的计算公式为

$$Z_7=WC_{71}\cdot a_{14}+WC_{72}\cdot a_{15}+WC_{73}\cdot a_{16}$$

式中,WC_{71},WC_{72},WC_{73} 分别为专利诉讼情况指标、专利维持时长指标、专利转让情况指标权重;a_{14},a_{15},a_{16} 分别为专利诉讼情况指标分值、专利维持时长指标分值、专利转让情况指标分值。

设置:待评估专利技术不存在专利诉讼时,$a_{14}=50$;待评估专利技术存在专利诉讼时,$a_{14}=100$。待评估专利技术的专利维持时间 $T\leqslant3$ 年时,$a_{15}=25$;$3<T\leqslant5$ 时,$a_{15}=50$;$5<T\leqslant10$ 时,$a_{15}=75$;$T>10$ 时,$a_{15}=100$。待评估专利技术不涉及专利转让活动的,$a_{16}=50$;待评估专利技术存在专利转让活动的,$a_{16}=100$。

4.5　专利技术水平评估实例验证

通过实证,依据前面所述的方法进行计算,并将计算结果与日本专利分析公司 Patent Result 的计算结果进行对比分析,验证本方法的有效性,主要从专利边缘指标方面对两项专利技术进行实证。选取的两项专利技术均为移动通信设备方面的专利,技术领域具有一定的相关性,二者进行比较具有一定的技术可比性,分别是专利一(P_1):专利申请日为2007年2月22日、专利权人为美国苹果公司(APPLE COMPUTER INC)、专利名称为椭圆拟合多指触控界面(Ellipse fitting for multi-touch surfaces)、专利号为US7812828B2的专利技术;专利二(P_2):专利申请日为2005年6月27日、专利权人为韩国三星电子公司(SAMSUNG TECHWIN CO LTD)、专利名称为(Method of controlling digital image processing apparatus for efficient reproduction and digital image processing apparatus using the method)、专利号为US7456893的专利技术。两项专利技术在后面分别以P_1和P_2表示。两项专利相关信息如表4.13所示。

表4.13 两实证样本专利的相关信息

专利号	专利名称	专利权人	专利申请年	专利公开年
US7812828B2	Ellipse fitting for multi-touch surfaces	美国苹果公司(APPLE COMPUTER INC)	2007年	2010年
US7456893	Method of controlling digital image processing apparatus for efficient reproduction and digital image processing apparatus using the method	韩国三星电子公司(SAMSUNG TECHWIN CO LTD)	2005年	2008年

4.5.1 US7812828B2 的专利技术水平评估

(1)技术生命周期指标分值 Z_1

技术生命周期指标分值由技术发展阶段分值和技术周期时间分值组成。技术生命周期是以待评估专利技术的技术领域为评价对象,考察待评估专利技术所属技术领域的发展阶段。技术领域范围的确定依据其专利文本中审查员给的 IPC 号为判断依据。

US7812828B2(下面以 P_1 指代)的 IPC 号为 G06F3/041,通过

Thomson Innovation 专利检索工具共检索出 IPC 号为 G06F3/041 的专利文献 33 418 个。以 Logistic 模型为基础,以年份为横轴、专利累计申请量为纵轴,利用 Loglet Lab 软件描绘出 G06F3/041 技术发展趋势,如图 4.4 所示。图 4.4 中的纵坐标表示专利累计申请量,实线表示软件预估的专利累计申请量。在实现过程中,Loglet Lab 软件根据 Logistic 模型生成三项参数,即 Saturation（饱和点）、Growth Time（成长时间）、Midpoint（反曲点）,并通过三项参数计算技术的萌芽期、成长期、成熟期及衰退期发生的时间节点。其中,饱和点表示专利累计申请量所能达到的最高值;成长时间表示成长期与成熟期所需要花费的时间;反曲点表示技术成长期进入技术成熟期的时间节点。

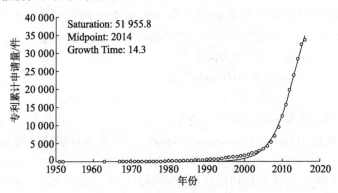

图 4.4　G06F3/041 技术发展趋势

由 Loglet Lab 计算可知,专利累计申请量的最高值为 51 955.8 件,成长期与成熟期共需花费 14.3 年,技术从成长期进入成熟期的时间点为 2014 年。根据上述数据可以估算出 P_1 的萌芽期、成长期、成熟期及衰退期的起止时间,如表 4.14 所示。

表 4.14　G06F3/041 技术成长阶段

萌芽期	成长期	成熟期	衰退期
1950—2006	2007—2013	2014—2020	2021 年以后

由表 4.14 可知,对 G06F3/041 技术的研究始于 1950 年,2007 年

进入成长期,2014 年进入成熟期,2021 年进入衰退期,目前正处于技术成熟期。根据表 4.12,技术发展阶段指标权重为 0.031 1。

技术周期时间根据待测专利技术申请文件扉页中所引用的所有专利技术年龄的平均年数来确定。通过 Thomson Innovation 专利检索工具共检索出 P_1 所引用的专利数量为 302 项。根据本章中介绍的方法,计算得出 P_1 的技术周期时间为 10.89 年;根据表 4.12,技术周期时间指标权重为 0.010 4。

因此,技术生命周期指标分值为

$$Z_1 = 0.031\ 1 \times 100 + 0.010\ 4 \times 25 = 3.37$$

(2) 技术覆盖范围指标分值 Z_2

通过 Thomson Innovation 专利检索工具,可知专利审查员为 P_1 分配的 IPC 分类号的数量为 1 个,IPC 分类号的数量指标权重为 0.043 4;DWPI 数据库关于 P_1 的德温特分类号的数量有 3 个,专利应用领域指标权重为 0.014 5。

因此,技术覆盖范围指标分值为

$$Z_2 = 0.043\ 4 \times 25 + 0.014\ 5 \times 75 = 2.172\ 5$$

(3) 权利要求项指标分值 Z_3

根据 Thomson Innovation 专利检索工具及其分析软件可知,P_1 的独立权利要求项的数量为 3 项,从属权利要求项的数量为 32 项。独立权利要求项数量指标权重为 0.062 4;从属权利要求项数量指标权重为 0.012 5。

因此,权利要求项指标分值为

$$Z_3 = 0.062\ 4 \times 100 + 0.012\ 5 \times 100 = 7.49$$

(4) 同族专利指标分值 Z_4

根据 Thomson Innovation 专利检索工具及其分析软件可知,P_1 专利的德温特同族专利数量为 166 个,所涉及的国家/地区数量共 82 个,将这 82 个国家/地区按专利数量进行排名,可以得到排名前 5 的国家/地区如表 4.15 所示。

表 4.15　DWPI 专利同族所涉及的排名前 5 的国家/地区专利数量分布

国家/地区	专利数量	所占比例/%	累计所占比例/%
US 美国	82	49.40	49.40
EP 欧洲	27	16.26	65.66
JP 日本	22	13.25	78.91
KR 韩国	20	12.04	90.95
AU 澳大利亚	4	2.42	93.37

由表 4.15 可知,DWPI 专利同族中排名前 5 的国家/地区的专利累计所占比例为 93.37%,且均为发达国家或地区。同族专利数量指标权重为 0.093 3,同族专利申请国数量指标权重为 0.242 9,同族专利申请国经济水平指标权重为 0.053 5。

因此,同族专利指标分值为

$Z_4 = 0.093\ 3 \times 100 + 0.242\ 9 \times 100 + 0.053\ 5 \times 75 = 37.632\ 5$

(5)专利引证情况指标分值 Z_5

根据 Thomson Innovation 检索可知,P_1 的专利施引频次为 129 次,专利引用频次为 302 次。专利施引频次指标权重为 0.116 6,专利引用频次指标权重为 0.023 3。

因此,专利引证指标分值为

$$Z_5 = 0.116\ 6 \times 100 + 0.023\ 3 \times 100 = 13.99$$

(6)专利权人实力分值 Z_6

一项专利技术的专利权人可能不止一个,本书以第一专利权人为统计目标。P_1 的第一专利权人为 APPLE COMPUTER INC(苹果公司),专利权人类型指标权重为 0.007 8,专利权人申请数量为 24 019 项,专利权人专利申请量指标权重为 0.039 0。

因此,专利权人实力分值为

$$Z_6 = 0.007\ 8 \times 25 + 0.039\ 0 \times 100 = 4.095$$

(7)法律状态指标分值 Z_7

根据 Thomson Innovation 专利检索工具和 LexisNexis 法律信息检索平台,检索公开号为 US7812828B2 的专利涉及两起专利诉讼情况,分别由美国联邦法院和美国加利福尼亚州北部地区法院受理;专利申请年为 2007 年,到目前为止的维持时间为 9 年;该专利技术在 2007 年由 FINGERWORKS, INC. 转让给美国苹果公司。专利诉讼情况指标权重为 0.110 5,专利维持时长指标权重为 0.042 4,专利转让情况指标权重 0.096 6。

因此,法律状态指标分值为

$$Z_7 = 0.110\ 5 \times 100 + 0.042\ 4 \times 75 + 0.096\ 6 \times 100 = 23.89$$

(8)专利技术水平总分值 X

根据上述各指标分值和图 4.3 所示计算方法,公开号为 US7812828B2 的专利技术水平总分值为

$$\begin{aligned}
X &= Z_1 + Z_2 + Z_3 + Z_4 + Z_5 + Z_6 + Z_7 \\
&= 3.37 + 2.172\ 5 + 7.49 + 37.632\ 5 + 13.99 + 4.095 + 23.89 \\
&= 92.64
\end{aligned}$$

4.5.2 US7456893 的专利技术水平评估

(1)技术生命周期指标分值 Z_1

US7456893(下面以 P_2 指代)的 IPC 号(主分类号)为 H04N 5/222,通过 Thomson Innovation 专利检索工具共检索出 IPC 号为 H04N 5/222 的专利文献 42 494 个。以 Logistic 模型为基础,以年份为横轴、专利累计申请量为纵轴,利用 Loglet Lab 软件描绘出 H04N 5/222 技术发展趋势,如图 4.5 所示。

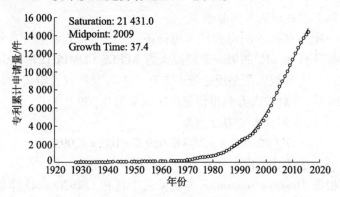

图 4.5 H04N 5/222 技术发展趋势

由 Loglet Lab 计算可知,专利累计申请量的最高值为 21 431 项,成长期与成熟期共需花费 37.4 年,技术从成长期进入成熟期的时间点为 2009 年。根据上述数据可以估算出技术萌芽期、成长期、成熟期及衰退期的起止时间,如表 4.16 所示。

表 4.16　H04N 5/222 技术成长阶段

萌芽期	成长期	成熟期	衰退期
1928—1988	1989—2008	2009—2027	2027 年以后

由表 4.16 可知,对 H04N 5/222 技术的研究始于 1928 年,1989 年进入成长期,2009 年进入成熟期,2027 年以后进入衰退期,目前正处于技术成熟期。根据表 4.12 可知,技术发展阶段指标权重为0.031 1。

通过 Thomson Innovation 专利检索工具共检索出 P_2 所引用的专利数量为 11 项。根据本章中介绍的方法,P_2 的技术周期时间为5.18 年。根据表 4.12 可知,技术周期时间指标权重为 0.010 4。

因此,技术生命周期指标分值为
$$Z_1 = 0.031\ 1 \times 100 + 0.010\ 4 \times 50 = 3.63$$

(2)技术覆盖范围指标分值 Z_2

通过 Thomson Innovation 专利检索工具,可知专利审查员为 P_2 分配的 IPC 分类号的数量为 1 个,IPC 分类号的数量指标权重为0.043 4;DWPI 数据库关于 P_2 的分类号的数量有 2 个,专利应用领域指标权重为 0.014 5。

因此,技术覆盖范围指标分值为
$$Z_2 = 0.043\ 4 \times 25 + 0.014\ 5 \times 50 = 1.81$$

(3)权利要求项指标分值 Z_3

根据 Thomson Innovation 专利检索工具及其分析软件可知,P_1 的独立权利要求项的数量为 2 项,从属权利要求项的数量为 14 项。独立权利要求项数量指标权重为 0.062 4,从属权利要求项数量指标权重为 0.012 5。

因此,权利要求项指标分值为

$$Z_3 = 0.062\ 4 \times 90 + 0.012\ 5 \times 100 = 6.866$$

（4）同族专利指标分值 Z_4

根据 Thomson Innovation 专利检索工具及其分析软件可知，P_2 的同族专利数量为 6 个，所涉及的国家/地区数量共 3 个，分别为美国（2 项同族专利）、韩国（2 项同族专利）、中国（2 项同族专利），同族专利中美国和韩国的专利同族数量占总同族数量的 67%，美国和韩国同属发达国家。同族专利数量指标权重为 0.093 3；同族专利申请国数量指标权重为 0.242 9；同族专利申请国经济水平指标权重为 0.053 5。

因此，同族专利指标分值为

$$Z_4 = 0.093\ 3 \times 100 + 0.242\ 9 \times 75 + 0.053\ 5 \times 75 = 31.56$$

（5）专利引证情况指标分值 Z_5

根据 Thomson Innovation 检索可知，P_2 的专利施引频次为 1 次，专利引用频次为 11 次。专利施引频次指标权重为 0.116 6，专利引用频次指标权重为 0.023 3。

因此，专利引证情况指标分值为

$$Z_5 = 0.116\ 6 \times 50 + 0.023\ 3 \times 100 = 8.16$$

（6）专利权人实力指标分值 Z_6

P_2 第一专利权人为 SAMSUNG ELECTRONICS CO LTD（韩国三星电子公司），其专利申请总量为 4 787 项，专利权人类型指标权重为 0.007 8，专利权人专利申请量指标权重为 0.039 0。

因此，专利权人实力分值为

$$Z_6 = 0.007\ 8 \times 25 + 0.039\ 0 \times 100 = 4.095$$

（7）法律状态指标分值 Z_7

专利 P_2 涉及一次专利诉讼活动；专利申请年为 2005 年，到 2017 为止的维持时间为 12 年；该专利技术分别在 2005 年、2009 年、2010 年经历 3 次专利权转让。专利诉讼情况指标权重为 0.110 5，专利维持时长指标权重为 0.042 4，专利转让情况指标权重为 0.096 6。

因此，法律状态指标分值为

$$Z_7 = 0.110\ 5 \times 100 + 0.042\ 4 \times 100 + 0.096\ 6 \times 100 = 24.95$$

（8）专利技术水平总分值 X

根据上述各指标分值和图 4.3 所示计算方法，公开号为
US7456893 的专利技术水平总分值为

$$\begin{aligned}
X &= Z_1 + Z_2 + Z_3 + Z_4 + Z_5 + Z_6 + Z_7 \\
&= 3.63 + 1.81 + 6.866 + 31.56 + 8.16 + 4.095 + 24.95 \\
&= 81.071
\end{aligned}$$

4.5.3 评估结果比较分析

对专利 P_1 和 P_2 进行计算和比较，结果如表 4.17 所示。

表 4.17 专利 P_1 和 P_2 技术水平计算结果比较

	X	Z_1	Z_2	Z_3	Z_4	Z_5	Z_6	Z_7
P_1	92.64	3.37	2.172 5	7.49	37.632 5	13.99	4.095	23.89
P_2	81.071	3.63	1.81	6.866	31.56	8.16	4.095	24.95

通过计算技术生命周期指标分值、技术覆盖范围指标分值、权
利要求项指标分值、同族专利指标分值、专利引证情况指标分值、
专利权人实力指标分值、法律状态指标分值 7 个分值，对 P_1 和 P_2
的专利技术水平进行评估。由于待评估专利技术的各个指标数据
不同，使得技术水平分值 X 也有所不同。总的来说，P_1 的专利技术
水平总分值要高于 P_2 的专利技术水平总分值。

对 P_1 和 P_2 进一步分析发现，在技术生命周期指标分值上，两
者差别不大，主要原因是二者都处于技术成熟期。在技术覆盖范
围指标分值上，由于它们的 IPC 号都只有一个，且应用领域范围差
别不大，使得二者的技术覆盖范围指标分值差别也不大。在专利
权利要求项指标分值上，由于 P_1 的独立权利要求项数量多于 P_2，
使得 P_1 的分值高于 P_2。P_1 和 P_2 分值的差距主要是在同族专利指
标分值和专利引证情况指标分值上，P_1 的同族专利数量为 166 项，
同族专利申请国有 82 个；P_2 的同族专利数量为 6 个，同族专利申
请国有 3 个。同族专利数量和申请国能很好地体现技术价值和技

术重要性程度,因此 P_2 的同族专利指标分值低于 P_1 的同族专利指标分值是合理的。P_1 的专利施引和引用频次均高于 P_2,导致 P_1 的专利引证情况指标分值较高。从专利权人实力指标来看,美国苹果公司和韩国三星电子集团都属于大型实力企业,专利申请量较大,考虑到指标体系的结构和指标数据易获取性,仅从这两方面对专利权人实力进行基本分析,得出 P_1 和 P_2 的专利权人实力相当,今后可以对这一指标进行进一步研究,使其更完善。在专利法律状态指标上,从专利是否涉及专利诉讼、专利维持的实际年数及专利转让情况进行分析,P_2 的专利维持年份比 P_1 的年份长,且二者均涉及专利诉讼和专利转让活动,导致 P_2 的法律状态指标分值要高于 P_1 的法律状态指标分值。

日本的专利分析公司 Patent Result 曾通过调查长期持有的专利容易发生的活动(例如在美国专利中,其他公司提出重新审查请求,向其他公司授权提供等)会在多大程度上发生,并以此为基础计算得分,然后用偏差值表示该专利权人想持有专利的时长。Patent Result 公司对专利 P_1 的评分为 65.5 分,对 P_2 的评分为 45.5 分。本章的实证研究中,P_1 的得分为 92.64 分,P_2 的得分为 81.071 分,P_1 的得分高于 P_2 的得分,与 Patent Result 公司的结论一致,验证了本方法体系的合理性和科学性。

本章主要参考文献

[1] 丁潇意. 格鲁恩瓦尔德的技术评估思想述评[D].大连:大连理工大学,2015.

[2] 万浩. MKD-Delphi 装备技术预测方法研究[D].长沙:国防科学技术大学,2014.

[3] 邓向荣,张冬冬,高顷钰. 共性技术评估指标体系的优化探析——以电动汽车产业共性技术评估为例[J]. 中国科技论坛, 2013, 1(11):48-54.

[4] 何燕玲,袁杰,林艺文,等. 基于专利奖励的国内外专利评价指

标及运用研究综述[J]. 科技管理研究, 2014(16):136 - 139.

[5] 张伯友. 树立科学的专利运用观的思考[N]. 中国知识产权报,2015 - 01 - 29.

[6] 李华. 失效专利的价值开发[D]. 武汉:武汉大学,2004.

[7] 张星, 夏火松, 陈星, 等. 在线健康社区中信息可信性的影响因素研究[J]. 图书情报工作, 2015, 59(22):88 - 96.

[8] 侯遂峰. 论专利创造性标准[D]. 上海:华东政法大学,2012.

[9] 司艳雷. 中美专利创造性判断比较研究[J]. 法制与经济, 2017(1):44 - 45.

[10] 黄国群. 专利创造性判断的系统分析与影响因素实证研究[J]. 情报杂志, 2015(7):47 - 52.

[11] Anderson P, Tushman M L. Technological Discontinuities and Dominant Designs: A Cyclical Model of Technological Change [J]. Administrative Science Quarterly, 1990, 35(4):604 - 633.

[12] Lucas F C, Seryio M O D, Donglas H M, et al. Technological Forecasting of Hydrogen Storage Materials Using Patent Indicators [J]. International Journal of Hydrogen Energy, 2016, 41 (41):18301 - 18310.

[13] Lee C, Kim J, Kwon O, et al. Stochastic Technology Life Cycle Analysis Using Multiple Patent Indicators [J]. Technological Forecasting & Social Change, 2016, 106:53 - 64.

[14] 李春燕. 基于专利信息分析的技术生命周期判断方法[J]. 现代情报, 2012, 32(2):98 - 101.

[15] Foster R N. Assessing Technological Threats[J]. Research Management,1986(1): 17 - 20.

[16] Narin F, Carpenter M P, Woolf P. Technological Performance Assessments Based on Patents and Patent Citations [J]. IEEE Transactions on Engineering Management, 1984,31(4):172 - 184.

[17] Tseng Chun-Yao, Ting Ping-Ho. Patent Analysis for Technology Development of Artificial Intelligence: A Country-level Compara-

tive Study[J]. Innovation-Management Policy & Practice,2013,
15(4):463-475.

[18] 李广凯, 郭晶, 龙华中. 我国输配电行业专利价值评估可量
化指标分析[J]. 中国发明与专利, 2016(12):59-62.

[19] Hikkerova L, Kammoun N, Lantz J S. Patent Life Cycle: New
Evidence [J]. Technological Forecasting & Social Change,
2014, 88:313-324.

[20] Lanjouw J O, Schankerman M. Stylized Facts of Patent Litiga-
tion: Value, Scope and Ownership [R]. Cambridge: National
Bureau of Economic Research,1997.

[21] Tong X, Frame J D. Measuring National Technological Perfor-
mance with Patent Claims Data[J]. Research Policy,1994,23
(2): 133-141.

[22] 中华全国专利代理人协会. 加强专利代理行业建设有效服务
国家发展大局: 2013 年中华全国专利代理人协会年会第四
届知识产权论坛优秀论文集[M]. 北京:知识产权出版
社, 2013.

[23] 唐春. 基于国际专利制度的同族专利研究[J]. 情报杂志,
2012, 31(6):19-23.

[24] Lanjouw J O, Sehankerman M. Patent Quality and Research Pro-
ductivity: Measuring Innovation with Multiple Indicators [J].
Economic Journal,2004,114(495): 441-465.

[25] 周婷, 文禹衡. 专利引证视角下的虚拟化技术竞争态势[J].
图书情报工作, 2015(19):30-40.

[26] Hsu Chiung-Wen, Lin Chiu-Yue. Using Social Network Analysis
to Examine the Technological Evolution of Fermentative Hydro-
gen Production from Biomass[C]. Asia Biohydrogen and Biore-
finery Symposium (ABBS),2016:41.

[27] Bessen J. The Value of US Patents by Owner and Patent Charac-
teristics[J]. Research Policy,2008,37(5):932-945.

[28] 孙靓. 网上专利法律状态检索的意义及方法[J]. 安徽科技, 2010(8):33 – 34.

[29] 马永涛, 张旭, 傅俊英, 等. 核心专利及其识别方法综述[J]. 情报杂志, 2014(5):38 – 43.

[30] 乔永忠. 专利维持时间影响因素研究[J]. 科研管理, 2011, 32(7):143 – 149.

[31] 楚存坤, 孙思琴, 韩丰谈. 基于层次分析法的高校图书馆学科服务评价模式[J]. 大学图书馆学报, 2014, 32(6):86 – 90.

[32] 张炳江. 层次分析法[M]. 北京:电子工业出版社, 2014.

附录4A　专利技术水平评估指标体系构建的调查问卷

尊敬的专家：

您好！

为了进一步挖掘专利不同要素指标对专利技术水平评估的不同影响，构造科学合理的评估指标体系，提高技术评估的准确性，请您帮忙填一份调查问卷，提供一些数据和观点。下表中所选取指标主要针对的研究角度为单项专利技术。

本调查采用匿名的方式，仅供学术研究之用，对您的回答我们绝对保密。十分感谢您对我们科研活动的支持和帮助。

1. 基本信息

工作单位：　　　　　　　　职务/职称：

研究领域：　　　　　　　　学历：

2. 专利技术水平评价一级指标选取

请对附表4A.1中各级指标的明确性进行评定，用"√"表示；如果还有补充，请填写。

附表4A.1　专利技术水平评估一级指标选取

指标	无影响	影响较小	有一定影响	影响较大	不了解
技术生命周期					
法律状态					
权利要求项					
同族专利					
专利引证情况					
技术覆盖范围					
专利权人实力					
专利创造性程度					
除上述指标外，您认为还有哪些其他指标会影响到专利技术水平评估？					

3．专利技术水平评价的二级指标选取

请对附表 4A.2 中各级指标的明确性进行评定，用"√"表示；如果还有补充，请填写。

附表 4A.2　专利技术水平评估的二级指标评分

一级指标	二级指标	无影响	影响较小	有一定影响	影响较大
技术生命周期	S 曲线				
	技术周期时间 TCT				
法律状态	专利诉讼情况				
	专利维持时长				
	失效原因				
	专利转让情况				
权利要求项	独立权利要求项数量				
	从属权利要求项数量				
	合案申请情况				
同族专利	同族专利数量				
	同族专利申请国数量				
	同族专利申请国经济水平				
	同族专利中三方（美、欧、日）专利数量				
专利引证情况	专利施引频次				
	专利引用频次				
	专利自引率				
	科学关联度(SL)				

续表

一级指标	二级指标	无影响	影响较小	有一定影响	影响较大
技术覆盖范围	IPC 分类号的数量				
	专利应用领域范围				
专利权人实力	专利权人类型				
	专利权人的专利申请量				
除上述指标外,您认为还有哪些其他指标会影响到专利技术水平评估?					

4. 其他建议

感谢您的大力支持!

附录 4B　专利技术水平评估指标体系权重调查问卷

尊敬的专家：

您好！

经过文献调研和专家问卷调查后，初步构建了专利技术水平评估指标体系。在此基础上，拟采用层次分析法计算各级评估指标的权重。为了得到科学合理的指标权重，提高评估的准确性和科学性，请您帮忙填一份调查问卷，提供一些专家的数据和观点。

本调查采用匿名的方式，仅供学术研究之用，对您的回答我们绝对保密。十分感谢您对我们科研活动的支持和帮助。

1. 基本信息

工作单位：　　　　　　　　　职务/职称：

研究领域：　　　　　　　　　学历：

2. 打分原则

采用 1~9 标度进行打分，如附表 4B.1 所示。

附表 4B.1　判断矩阵的 1~9 标度

标度	含义
1	表示两元素相比，具有同等重要性
3	表示两元素相比，前者比后者稍重要
5	表示两元素相比，前者比后者明显重要
7	表示两元素相比，前者比后者强烈重要
9	表示两元素相比，前者比后者极端重要
2,4,6,8	表示上述相邻判断的中间值
倒数	若元素 i 与元素 j 的重要性之比为 a_{ij}，那么元素 j 与元素 i 重要性之比为 $a_{ji} = 1/a_{ij}$

如附表 4B.2 在专利权利要求项指标权重的评估中，假设认为独立权利要求项数量（C_1）比从属权利要求项数量（C_2）明显重要，则计值 C_{12} 为 5，对应的 C_{21} 为 1/5，二者互为倒数关系。

附表 4B. 2　专利权利要求项指标权重

元素	独立权利要求项数量 (C_1)	从属权利要求项数量 (C_2)
独立权利要求项数量 (C_1)	1	5 （此时 C_1 是前者, C_2 是后者）
从属权利要求项数量 (C_2)	不填	1

3．具体评价指标权重调查表

（1）一级指标

对一级指标权重的调查如附表 4B.3 所示。

附表 4B. 3　专利技术水平评估一级指标权重调查表

指标	技术生命周期	法律状态	权利要求项	同族专利	专利引证情况	技术覆盖范围	专利权人实力	专利创造性程度
技术生命周期								
法律状态								
权利要求项								
同族专利								
专利引证情况								
技术覆盖范围								
专利权人实力								
专利创造性程度								

（2）二级指标

对二级指标权重的调查如附表 4B.4 ~ 附表 4B.10 所示。

附表 4B. 4 技术生命周期指标下一层指标权重调查表

指标	技术发展阶段	技术周期时间 TCT
技术发展阶段		
技术周期时间 TCT		

附表 4B. 5 法律状态指标下一层指标权重调查表

指标	专利诉讼情况	专利维持时长	专利转让情况
专利诉讼情况			
专利维持时长			
专利转让情况			

附表 4B. 6 专利权利要求项指标下一层指标权重调查表

指标	独立权利要求项数量	从属权利要求项数量
独立权利要求项数量		
从属权利要求项数量		

附表 4B. 7 同族专利指标下一层指标权重调查表

指标	同族专利数量	同族专利申请国数量	同族专利申请国经济水平
同族专利数量			
同族专利申请国数量			
同族专利申请国经济水平			

附表 4B. 8 专利引证指标下一层指标权重调查表

指标	专利施引频次	专利引用频次
专利施引频次		
专利引用频次		

附表 4B.9　专利技术覆盖范围指标下一层指标权重调查表

指标	IPC 分类号的数量	技术实际应用领域范围
IPC 分类号数量		
技术实际应用领域范围		

附表 4B.10　专利权人实力指标下一层指标权重调查表

指标	专利权人类型	专利权人的专利申请量
专利权人类型		
专利权人的专利申请量		

第5章　专利隐性静态价值指标体系构建

　　专利的静态价值评估中,除了专利技术水平这一重要衡量指标外,还有很多隐藏的静态价值指标,需要进一步挖掘利用。

　　通过挖掘专利文献的结构特征和内容特征,剖析专利静态价值的内涵,重建基于专利文献检索的新的专利静态价值指标体系,包括:专利新颖性指标、专利权人指标和专利技术竞争力指标,并基于德温特专利数据检索,构建各指标分值计算模型。进一步构建专利文献结构树模型,对专利文本进行预处理,采用 TF – IDF 算法计算特征词的综合权重,构建特征词向量模型并进行降维处理;基于专利文献六要素加权的夹角余弦定理计算专利文献相似度,通过专利文献相似度计算专利新颖性分值。以公司实力分值、公司专利申请量分值、公司专利平均施引率分值、公司专利平均引用率分值、公司国际市场竞争力分值加权计算得到专利权人指标分值;以专利的施引分值、专利的引用分值和专利的同族专利数分值加权计算得到专利技术竞争力指标分值。根据具体的不同的实际评估需求和应用,设计不同的专利新颖性指标、专利权人指标和专利技术竞争力指标各指标分值的权系数,再加权求和得到总的专利静态价值分值。案例验证了本方法的可行性、客观性与准确性,表明基于专利文献检索的专利静态价值指标体系模型可应用于实际的专利价值评估工作中。

5.1　专利静态价值指标体系构建

　　本书构建专利静态价值指标体系遵行以下原则。

科学性:作为提纲挈领的原则,科学性贯穿于专利静态价值指标体系构建的每一个环节。对专利静态价值指标的筛选,专利文献数据的检索、分析等得出的结论都必须保持科学的态度。专利静态价值指标体系探索的是专利价值内在的本质和规律,是定性与定量相结合的过程,不是主观臆断的结果,最终经得起实践考验。

客观性:作为目的性原则,客观性指导着专利静态价值指标体系的构建,专利数据必须是客观正确的数据,专利指标的定义必须是无歧义的,专利静态价值的计算结果必须是客观的。

系统性:专利静态价值指标体系构建是一个系统性的工程[1],要用系统的眼光看问题,正确处理单一指标与指标间的系统关系,防止零碎的认识导致狭隘的结论。

层次性:专利静态价值指标体系构建是有层次性的、有规律的排列组合,从不同方面、不同角度反映专利静态价值的实际情况,容易理解与使用。有学者就将专利价值评估指标体系分为目标层、准则层、指标层[2]。

全面性:专利静态价值受到各种因素的影响,专利静态价值指标体系需反映各个方面的情况,包括专利指标的全面性、专利数据的全面性。除了常见的专利指标,一些被忽略但是重要的指标也要加以考虑,比如专利权人指标、专利新颖性指标等。

实用性:将专利静态价值指标体系的理论与实际相结合,为专利产业化、专利价值评估、衡量经济实力等实践工作服务,是专利静态价值指标体系构建的目的之一。

指导性:专利静态价值指标体系应该要对实际的专利活动、科技创新活动、经济发展活动等起指导作用,为今后的专利价值评估研究做好指导工作。

独立性:主要针对专利指标提出的要求。专利指标间相互独立,或者统一归类,可以规范专利指标的运用,有利于构建一个完整的专利静态价值指标体系。

定性与定量相结合:作为一种重要的研究方法,定性与定量相结合也应用于专利静态价值指标体系的构建之中。定性分析是定量分析的前提,为定量分析提供依据;定量分析是定性分析的量化结果。

可操作性:专利指标不再局限于理论方面的研究,空谈定义和计算公式,而是可以进行具体的操作。专利指标能够利用有效数据进行详细的计算,使得专利静态价值指标体系的研究更加深入。

可测度性:专利指标具有良好的可测度性,指标数据获取来源客观便利才能更好地应用到专利静态价值指标体系中,从而不仅能够准确地反映待评估对象的特征,且能够获得量化的具体结果。

5.1.1　专利静态价值指标的选取

（1）专利静态价值指标

由于专利价值指标分类角度不同,根据专利指标的性质可分为数量类指标、质量类指标、价值类指标;专业指标、综合性指标;技术价值指标、市场价值指标、权利价值指标、法律价值指标、经济价值指标;专利自身类指标、专利引用类指标、专利其他类指标。根据专利营运状况,专利指标可分为专利技术转移类和专利质押贷款类指标。

专利价值指标体系研究主要集中在发明专利方面,包括发明专利的申请量(率)、实施量(率)、许可量(率)等。专利指标数量多,四大类中的指标多有重叠,如专利保护范围、专利权利要求项数、科学关联度等,有的学者将其划分在价值类,有的将其划分在质量类。有些指标被反复研究,不断深入分析,比如专利引起情况指标、同族专利指标等,这些指标的重要性不言而喻。

可测量的专利静态价值指标包括:发明专利申请量(率)、发明专利授权量(率)、发明专利第 N 年存活量(率)、专利引文数量、发明专利自实施量(率)、发明专利许可实施量(率)、发明专利权转移量(率)、发明专利质押量(率)、发明专利无效请求量(率)、第 N 年存活量(率)、发明专利平均寿命、发明专利对外申请量(率)、独立权利要求项数量、专利被引用数量、专利族大小、专利的寿命、专利族规模、剩余有效期等。而竞争、技术池、市场吸引力、专利市场的实力、行业发展趋势、盈利能力、变现能力、偿债能力、市场认可程度等是不可直接测量的指标,具有很多不确定性的因素。本章选取的专利指标是可量化的专利静态价值指标,构建专利静态价值指标体系。

本章基于专利文献检索构建专利静态价值指标体系。专利静态价值计算指标选取条件包括:指标的客观性、指标的可测量性、指标的可操作性。本书创新性地将专利新颖性作为专利静态价值计算指标;从被引与施引 2 个角度探讨专利权人指标;利用客观、可测量、可操作的数据计算专利技术竞争力指标,构建一个新的专利静态价值指标体系。

(2) 专利新颖性指标

新颖性是授予专利权的必要条件之一,也是审查发明创造的重要方面,即该发明或实用新型不属于现有技术;也没有任何单位或个人就同样的发明或实用新型在申请日以前向专利局提出过申请,并记载在申请日以后(含申请日)公布的专利申请文件或者公告的专利文件中。

国内关于专利新颖性研究主要包括:《专利法》对新颖性的探索[3]、新颖性对专利授权的影响[4]、专利申请中新颖性的问题[5]等;国外有语义分析测量专利的新颖性[6],探讨《专利法》中的新颖性[7]等。目前的研究围绕在新颖性的制度规定和影响方面,还没有将新颖性作为一个评估指标进行深入研究。其中,宋河发等从专利文献撰写质量的角度,提出将新颖性作为一个二级指标加入测度质量的指标体系中[8],但缺乏深入的研究和具体的计算方法。

《中华人民共和国专利法》和《中华人民共和国专利法实施细则》明确给出新颖性的判断标准及方法,通过权利要求技术特征的单独对比来审查该专利申请是否属于现有技术。公开出版物是审查新颖性主要的和有利的依据。其中,专利文献数量巨大、内容广博,集技术信息、法律信息、经济信息、科技信息于一体,格式统一、形式规范,且专利数据库的建立越来越成熟,专利数据来源客观有效且获取便利。专利的新颖性越高说明该专利越可能是开拓专利,包含最新的专利技术。因此,新颖性可以也应当作为专利价值的评估指标。

本书将新颖性作为专利静态价值计算的指标之一,并进行量化计算,具体、直观地评估专利静态价值,即利用专利新颖性分值代表专利新颖性指标,论述新颖性指标的重要性、科学性和可行性。

（3）专利权人指标

专利权人是授予发明创造独占权利的所有人,包括其继承人。根据职务发明和非职务发明的区别,专利权人可以是个人也可以是单位,随着专利权的转移,专利权人也随之转换。

专利授权后,专利权人拥有的权利内容包括:基本权利、专利权的转让、专利实施许可、专利权的质押、标注专利标识和主动放弃专利权。发明创造的专利在不同时期专利权人拥有的权利也不同,专利权人拥有先占权、临时保护权、专利权和诉讼权。因此,专利权人的权利从专利申请一直渗透到专利有效期终止,专利权人的行为对专利价值有直接的作用与影响。

维持专利有效至关重要的一个条件是由专利权人在规定时间内缴纳专利年费,决定是否缴纳年费的重要依据就是专利价值的大小。一般来说,专利权人会投资有价值的专利,对于没有价值或是价值较小的专利,专利权人会主动放弃或缓慢放弃,以减少不必要的专利投资成本。因此,专利价值也会直接影响专利权人的行为。

综上所述,专利权人与专利价值之间相互影响,从专利权人的角度分析专利价值是一条值得探讨的研究思路。

专利权人合法、合理利用上述专利权利,根据专利价值来划分专利等级,制定专利运营战略,辨析竞争对手,或者利用专利获得战略优势。但是专利的运营也要依靠专利权人的指导。由于专利这一无形资产的不确定性,专利价值大小处于动态变化中,专利权人指标对专利价值的判断至关重要。因此,"专利权人实力与专利价值是否有关系?""有什么样的关系?"这些都是值得探讨的问题。

Bessen J 提出专利权人与专利价值之间存在一定的关系,实力差的专利权人所拥有专利的价值要小于实力强的专利权人所拥有专利的价值[9],而专利权人所拥有专利的引证情况能够反映专利权人实力,且专利权人实力越强,专利价值越大。

本书不仅将专利权人指标纳入专利静态价值评估体系,还提出具体的专利权人评估对象及专利权人之间的关联。由专利技术产生的来源可知,专利分为基本专利与改进专利,即不依附于其他专利的最原始专利与在前一个专利技术基础上进行改进所获得的改进专利,基本专利的价值与改进专利的价值可能一样大。因此,对专利权人实力进一步分析,在专利权人实力五要素基础上,计算专利价值时,可参考的除了待评估专利所属的专利权人实力大小,还有待评估专利的施引专利所属的专利权人实力大小,以及被待评估专利引用的专利所属的专利权人实力大小,以从侧面反映专利价值的大小。

(4) 专利技术竞争力指标

专利作为一种科技成果,已成为衡量企业技术发展的标志性指标。专利在企业中所处的地位、所起的作用和所带来的影响,构成专利技术竞争力。专利技术是从专利自身所包含的技术角度出发,即将企业的科研能力、技术创新能力凝练成文字语言,具体化为纸质材料,以技术的公开获得一段时间的垄断权力。在此期间,专利的保护是相对的,随时可能被无效、被异议。为了获得更安全的保护,企业会申请更多的专利,形成一个专利壁垒。当专利技术逐渐成熟,不管是在数量上,还是在质量上,成为一种竞争力的时候,都可以用来应对外来的挑战。因此,专利技术竞争力指标成为评估专利价值的一个非常重要的指标。专利技术竞争力指标围绕着专利技术展开,已有的专利技术竞争力指标包括专利申请量、核心专利量、有效专利量、PCT 申请量、全球专利布局等。本书在现有基础上新增 3 个常见的二级指标,即专利的施引数、专利的引用数和专利的同族专利数。

5.1.2 基于专利文献检索的专利隐性静态价值指标体系构建

综上所述,本书构建的基于专利文献检索的专利静态价值指标体系如表5.1所示。

表5.1 基于专利文献检索的专利静态价值指标体系构建

一级指标	二级指标
专利权人指标	专利权人公司规模
	专利申请量
	专利平均施引率
	专利平均引用率
	专利平均同族专利数
专利新颖性指标	基于专利文献结构模型树的专利新颖性分值
专利技术竞争力指标	专利的施引数
	专利的引用数
	专利的同族专利数

表5.1中,专利权人指标、专利新颖性指标、专利技术竞争力指标为一级指标。专利权人公司规模、专利申请量、专利平均施引率、专利平均引用率、专利平均同族专利数作为专利权人指标的二级指标;基于专利文献结构模型树的专利新颖性分值作为专利新颖性指标的二级指标;专利的施引数、专利的引用数、专利的同族专利数作为专利技术竞争力指标的二级指标。

5.2 基于专利文献检索的专利静态价值计算方法

根据构建的基于专利文献检索的专利静态价值指标体系,详细描述专利新颖性分值、专利权人分值、专利技术竞争力分值、专利静态价值的计算方法与过程。

专利新颖性分值的计算过程包括以下5个部分:利用专利文献树状层次的结构特点,构建专利文献结构模型树,清楚简要地突出专利文献六要素;借助分词和词性标注工具,结合专利技术词典,对专利文献六要素分别进行文本预处理,清洗专利文献数据;采用改进的 TF－IDF 方法计算预处理后的新文本集,提取特征词,确定每个特征词的综合权重;对特征词的综合权重进行有序排列,建立专利文献六要素各自的向量模型,并进行降维处理;基于专利文献六要素加权的专利文献的相似度,计算专利新颖性分值。

专利权人实力分值计算是分别从待评估专利的专利权人、待评估专利施引专利的专利权人与待评估专利引用专利的专利权人等角度进行分析,提高准确性。专利技术竞争力分值选取的是 3 个客观、可测量、可操作的影响因素,这些因素是现有的专利价值指标体系研究中常用的指标数据,且便于获取。

5.2.1 构建专利文献结构树模型

专利文献是一种结构化的文献[10],与其他出版类型的文献有诸多不同。专利文献有其自身固定的编排结构特点,包括专利名称、专利摘要、专利权利要求书、专利说明书、专利 IPC 分类号、专利引文等信息。专利类型分为发明专利、实用新型专利和外观设计专利,三种专利文献包含的内容有些许不同,例如实用新型专利文献必须包含专利附图。专利文献的语言更加严谨,包含很多专业术语,需要一般领域技术人员的专业知识和技术水平,必要时需要借助专利技术词典。专利文献的核心信息,一般不会体现在标题与摘要中,需要下载完整的专利文献才能充分了解关键技术点。专利文献是重要的情报来源,集技术、法律和经济情报于一体,可以通过专利 IPC 分类号进行快速检索。

本书旨在充分挖掘专利文献的技术内容编排特征,在现有研究的基础上,结合考虑专利的主分类号和引文信息,构建六要素的专利文献结构树,以更全面、深入和准确地表达专利文献的技术内容结构,构建专利文献结构树模型,为接下来的研究做准备。

（1）专利文献结构树模型构建方法

将专利文献中不同要素之间构成的树状层次结构叫作专利结构树,专利结构树上没有父节点的专利要素称为该结构树的根节点,没有子节点的专利要素称为该结构树的叶子节点,其他专利要素称为中间节点。

专利文献结构树的构建具体分以下步骤：

步骤一：将整个专利文献作为根节点。

步骤二：将摘要、说明书、权利要求书、IPC 分类号和引文作为中间节点，位于第二层；将被引用的独立权利要求、IPC 分类号的部、引文中的 1 代引文作为中间节点，位于第三层；将直接引用独立权利要求的从属权利要求、IPC 分类号的大组、引文中的 2 代引文作为中间节点，位于第四层；将从属权利要求作为其在先引用的权利要求的叶子结点；将 IPC 分类号的小组作为 IPC 分类号的大组的叶子结点，将 IPC 分类号的大类作为 IPC 分类号的小组的叶子结点，将 IPC 分类号的小类作为 IPC 分类号的大类的叶子结点；将 $m-1$ 代引文及其所有前代引文作为中间结点。

步骤三：将发明的名称、摘要中的技术方案和应用领域、权利要求中不再被引用的权利要求，以及说明书中的现有技术、解决的问题、技术方案、有益效果和实施例，最详细的 IPC 分类号分类（往往是 IPC 分类号的小类），引文中的 m_0 代引文作为叶子结点。

将 m 代引文作为 $m-1$ 代引文的叶子结点；$1 \leqslant m \leqslant m_0$；当 $m=1$ 时，$m-1$ 代引文即为所述专利文献本身。

以上步骤中，当专利文献只有独立权利要求而无从属权利要求时，独立权利要求为叶子结点，位于第三层。

当专利文献的 IPC 分类号分到大类时，IPC 分类号的大类为叶子结点，位于第六层。

当 $m=2$ 时，表示优选至 2 代引文。根据经验，通常运用到第 3 代引文，在 3 代引用之外，其他相关性较小，考虑到计算开销，优选至 2 代引文。

当专利文献的 IPC 分类号最详细类目不是小类，而是大类、大组或小组中的一种时，以相应的大类、大组或小组作为叶子结点。

所构建的专利结构树如图 5.1 所示。

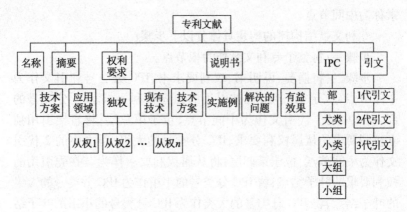

图 5.1 专利文献结构树示意图

（2）专利文献结构树的构建示例

以专利号为 US7860024B1 美国专利文献为例。

专利名称：Network monitoring method and system。

摘要：该专利文献的摘要技术方案内容为"The present invention permits a network operator to maintain a timely view of changes to an operational packet-switched network … Subsequently, the method detects deviations from normal operation of the packet-switched network using the routing protocol messages received from the network element."。摘要中的应用领域内容为"Method for monitoring a packet-switched network i. e. local area network, using transmission control protocol (TCP)/internet protocol (IP)."。

权利要求：本实施例中的专利共有 20 个权利要求，共有 2 个独权，独权 1 有 9 个从权，则独权 1 的从权数 $n_1 = 9$；独权 2 有 9 个从权，则独权 2 的从权数 $n_2 = 9$。

说明书："The present invention relates to network management, and, more particularly, to monitoring routing behaviour in a packet-switched network. Packet-switched networks, such as networks based on the TCP/IP protocol suite, can be utilized by a network operator to provide a rich array of services…"。

背景技术：" As users depend increasingly on a common packet-switched infrastructure for mission-critical needs, they require that the network provide increased reliability and support for new services. Systems for managing IP networks today, unfortunately, are targeted at element level fault diagnosis and troubleshooting—and not to meet stringent needs of realtime resource tracking or provisioning for a given customer…"。

技术方案：" The present invention permits a network operator to maintain a timely view of changes to an operational packet-switched network. In accordance with an aspect of the invention, an architecture is provided enabling analysis of routing behaviour by passively monitoring the existing reliable link state flooding mechanism of an intradomain routing protocol such as OSPF…"。

IPC 分类号为 H04L 41/147，为 IPC 分类号的小组，以此作为叶子节点。

引文："Sundqvist J, Larsson A, Norrgard J, et al. Method for, and a topology aware resource manager in an IP telephony system: U. S. Patent Application 11/266,352[P]. 2005 – 11 – 4."为第 1 代后引专利文献，该专利没有在先的引用文献；该专利被专利号为 US2014057644（A1）的专利文献" Network and user behavior based time shifted mobile data transmission"引用，也为第 1 代引文。

如图 5.1 所示，构建专利号为 US7860024B1 的美国专利文献的结构树。

基于以上案例，专利号为 US7860024B1 的美国专利文献的结构树的构建步骤如下：

步骤一：专利结构树的根节点为专利号为 US7860024B1 的专利文献。

步骤二：专利结构树的中间节点有：位于第二层的摘要 ABSTRACT、说明书 DESCRIPTION、权利要求书 CLAIMS、IPC 分类号、引文 REFERENCE；位于第三层的有独权 1 也就是权利要求 1、独权 2 也就是权利要求 11、IPC 分类号的部 H、两个 1 代引文；位于第四层的有大类 H04；小类 H04L 位于第五层。

步骤三：专利结构树的叶子节点有：位于第二层的发明名称 Network monitoring method and system；位于第三层的摘要中的技术方案内容"The present invention permits a network operator to maintain a timely view of changes to an operational packet-switched network"、摘要中的应用领域内容"Method for monitoring a packet switched network i. e. local area network, using transmission control protocol (TCP)/internet protocol (IP)"；位于第四层的权利要求 2 - 10 和权利要求 12 - 20；位于第三层的说明书中的技术领域 TECHNICAL FIELD、背景技术 BACKGROUND OF THE INVENTION、技术方案 SUMMARY OF THE INVENTION；位于第六层的 IPC 分类号的小组号 H04L 41/147。

5.2.2　文本预处理

对专利文献结构树六要素分别进行文本预处理。其中，专利名称、摘要、权利要求项、说明书、引文五要素为文本格式，本书对五要素进行文本预处理，去除"的""了""一种"等出现频率很高但是无贡献的词，同时结合专利技术词典，得到新的文本集。IPC 分类号要素为非文本格式，由字母、数字组成，将 IPC 分类号要素的部、大类、小类、大组和小组分别表示成相应的字符串。

5.2.3　特征提取

传统的 TF – IDF(Term Frequency – Inverse Document Frequency) 加权算法的主要思想是，如果词项在文档中出现的频率高，并且在其他文档中很少出现，则认为该词项具有很好的区分能力，适合用来把该文档与其他文档区分开来。TF – IDF 的概念被公认为信息检索中重要的发明，特别是在搜索、文献分类和其他相关领域有广泛的应用。传统的 TF – IDF 表达式为

$$TF_{ij} \times IDF_j = TF_{ij} \times \log_2 \frac{N}{x} \tag{5.1}$$

式中，i 为特征词的序列；j 为文本的序列；TF_{ij} 是特征词 x_i 在文本 j

中出现的次数;IDF_j 是特征词 x_i 对文本主题权重的影响;N 是文本集的样本数。

传统的 TF – IDF 算法认为:出现次数越多的词项对文本的影响越大。事实上,一个词如果在越多的文档中出现,则该词区别新颖性的能力越小。为了克服上述不足,本书结合张瑾和方延风改进的 TF – IDF 算法[11,12]:考虑到专利文献结构树六要素所在位置和专利文献结构树五要素特征词本身的长度对专利新颖性的影响,即(x_i,m_i,s_i),其中,x_i 是特征词,m_i 是特征词 x_i 所在位置的权重,s_i 是特征词 x_i 本身长度的权重,即综合词项信息的 TF – IDF 算法,简称 LP – TF – IDF 算法。

步骤一:计算特征词在专利文献结构树六要素中位置的权重。

各国专利文献基本都具有这六要素。不同的专利文献要素体现的专利技术侧重点不同。同一词项在不同的专利文献要素中处于不同的位置,其对专利文献相似度的影响也是不同的。

申请人出于专利战略的考虑,对专利文献的名称和一般期刊论文等的名称表述有所不同。一般的学术论文的篇名要体现研究内容及创新点,而专利的名称比较笼统、晦涩、不明确,且最关键的创新点和技术方案不在专利名称中显现。

专利的摘要包括专利名称、所属领域、技术方案的内容概括、效果和应用,一般不超过 300 字。申请人出于专利战略的考虑,往往有意遮盖摘要部分的技术核心,使竞争对手只通过专利摘要的阅读并不能发现实质性的发明技术方案。

权利要求部分是法律授权专利权人的保护范围的依据,内容描述比较准确、完整、简洁,且用"其特征在于"等相关字样来区分本专利文献创新部分和现有技术共有部分的技术方案,因此这部分的专业术语比较密集。主权利要求,即独立权利要求,反映的是解决技术问题的全部必要技术特征;从属权利要求反映一些优选的技术方案。

说明书是对专利技术最详细的描述。说明书包括技术领域、背景技术及所要解决的技术问题、发明内容、有益效果和具体实施例。背景技术部分概述最接近现有技术的技术方案和存在的问题,也是本专利要解决的技术问题。发明内容覆盖权利要求的技术范围,用以支持权利要求。有益效果部分的阐述是结合技术方案论述的发明效果。具体实施例部分是对发明创造技术方案的进一步详细介绍,包括具体的实验过程、数值范围中参数的具体取值、实验结果等。当有附图时,均需结合附图论述。

IPC 分类号是国际专利分类号,也是目前国际通用的唯一专利文献分类和检索工具,由部—大类—小类—大组—小组逐级分类形成完整的分类体系。通常一个专利文献的技术方案可以分为多个 IPC 分类号,其中最主要的一个类号叫主分类号,即主 IPC 分类号。一般由审查员给出 IPC 分类号,呈逐级细化的结构。通过分析 IPC 分类号就可以快速定位发明创造的主要技术点。

对特征词位置的重要性进行分析,确定专利文献结构树中名称、摘要、权利要求、说明书、IPC 分类号、引文的位置权重,记为系数 $m_i, i = 1, 2, \cdots, 6$,如表 5.2 所示。

表 5.2　特征词位置权重

要素 i	特征值位置	权重(m_i)
1	名称	0.1
2	摘要	0.1
3	权利要求	0.2
4	说明书	0.3
5	IPC 分类号	0.2
6	引文	0.1

步骤二:计算特征词本身长度的权重。

特征词本身的长度对专利文献有一定的影响。因为较长的特征词表达的内容比较丰富和完整,相比较短的特征词包含更多的信息。例如,专利文献中技术术语利用分词处理去除前缀或后缀后可能就是完全不同的物质,简单地考虑名词性短语会造成一定的差异。因此,需要考虑专利五要素中特征词长度的影响。特征词 x_i 的长度记为 k_i,权重系数记为 s_i,如式5.2所示。

$$s_i = 1 - e^{-k_i} \tag{5.2}$$

步骤三:TF – IDF 改进算法。

根据上述综合词项信息,即特征词位置的权重和特征词本身长度的权重考虑,提出综合词项位置信息和长度信息的 LP – TF – IDF 算法,最后得出特征词的综合权重,记为 ω,如式5.3所示。

$$\omega = TF_{ij} \times IDF_j \times m_i \times s_i \tag{5.3}$$

步骤四:提取最优特征向量。

利用 LP – TF – IDF 算法,得到每个特征词的综合权重 ω,并进行降序排列,完成特征词的筛选,构建专利文献六要素各自的特征词向量模型。当处理大量专利文献时,有时会产生高维的数据,可以对向量采用主成分分析法(Principal Component Analysis,PCA)降维处理,消除冗余,减少被处理数据的数量。

5.2.4　专利新颖性分值计算方法

根据专利文献内容编排特征可知,专利文献六要素所在位置对专利文献有不同的影响。为了提高文献相似度,首先计算专利文献六要素各自的文献相似度,然后基于专利文献六要素加权计算思想,结合夹角余弦公式,最后获得专利文献六要素加权值,该值记为 S,如式5.4所示。

$$S = \sum_{i=1}^{n} \alpha_i \cos(\boldsymbol{p}_1, \boldsymbol{p}_2) \tag{5.4}$$

式中,$n = 6$;α_1,α_2,α_3,α_4,α_5,α_6 分别为名称、摘要、权利要求、说明书、IPC分类号、引文的文献相似度权重,$\alpha_1 + \alpha_2 + \alpha_3 + \alpha_4 + \alpha_5 + \alpha_6 = 1$,$0 < \alpha_i < 1$。$\boldsymbol{p}_1$ 为待评估专利文献 P_1 的文本向量,$\boldsymbol{p}_2$ 为对比专利文献 P_2 的文本向量。通过式5.4计算得出的专利文献六要素加权值即专利文献相似度分值 S。

专利文献相似度分值 S 的范围为 $[0,1]$,则该专利的新颖性指标分值,记为 Y,如式5.5所示。

$$Y = 1 - S \tag{5.5}$$

专利新颖性分值 Y 就是量化的专利新颖性指标。

5.2.5 专利权人实力分值

专利权人指标以专利权人实力表示,对专利权人实力进行计算,具体量化为专利权人实力分值。从待评估专利的专利权人角度计算专利权人实力分值时,比较的是同一家公司的专利,专利权人实力分值是一样的;从待评估专利的专利权人、待评估专利施引专利的专利权人与待评估专利引用专利的专利权人角度出发,比较的是三家公司的专利,专利权人实力分值是不一样的。本书拟从 5 个角度来计算专利权人实力分值,分别是专利权人公司规模、专利申请量、专利平均施引率、专利平均引用率和专利平均同族专利数 5 个要素[13]。

（1）专利权人实力分值计算的五要素

企业规模与企业利润成正比,随着企业规模变大,企业利润随之增加[14]。专利权人公司规模以专利权人公司职工人数表示,职工人数是衡量一个公司规模的重要计量指标,也是划分大中小型企业的主要参数之一。

专利申请量反映企业技术创新的成果、技术更新换代的速度,即申请量越大,企业技术发展得越快,技术水平越高,创新人才越多。专利申请量是衡量专利权人公司实力的重要指标,也是一个客观、具体的数据,便于检索分析。

专利引用越频繁,专利的经济价值越高,即引用专利数与专利技术价值成正比[15-18],专利的前向引用与后向引用都与专利技术价值相关[19],Barney 的研究也提供证据支持专利引用率与专利的经济价值正相关[20]。

专利平均施引率是指专利的平均被引次数,是从整体上评估公司某领域专利在某年度的技术实力,而不是局限于对高频被引专利的评估,即公司某年度所有专利被后续专利引用的总次数与公司某年度所有专利数量的比值。

专利平均引用率与专利平均施引率是相对的概念,是指专利的平均引用次数,是公司某领域专利在某年度引用前续专利的总次数与公司某年度所有专利数量的比值。

专利平均同族专利数是指基于同族专利的概念,从整体上评估公司专利在国际市场的分布、揭示公司的技术动向,即公司某领域专利在某年度的同族专利总数与公司某年度所有专利数量的比值。对国家的技术领域水平而言,平均同族专利数是一个强有力的指标[21]。

（2）专利权人实力分值计算方法

基于 DWPI 数据库进行专利文献检索,将专利权人（以下简称公司）的实力分值记为 X,则 X 的具体计算过程如图 5.2 所示。

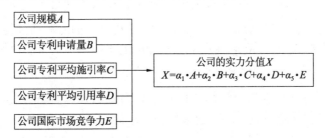

图 5.2　专利权人实力分值 X 的计算过程

图 5.2 中,$\alpha_1,\alpha_2,\alpha_3,\alpha_4,\alpha_5$ 分别为公司规模 A、公司专利申请量 B、公司专利平均施引率 C、公司专利平均引用率 D 和公司国际市场竞争力 E 对公司实力的权重,$\alpha_1+\alpha_2+\alpha_3+\alpha_4+\alpha_5=1,0<\alpha_i<1$。

除了待评估专利所属的专利权人实力大小,待评估专利的施引专利所属的专利权人实力大小及被待评估专利引用的专利所属的专利权人实力大小,也能从侧面反映专利静态价值。将待评估专利所属的专利权人实力分值 X_1、施引专利所属的专利权人实力分值 X_2、引用专利所属的专利权人实力分值 X_3,分别依图 5.2 中所示的公司实力分值计算的方法得到。记公司规模为 A_i、公司专利申请量为 B_i、公司专利平均施引率为 C_i、公司专利平均引用率为 D_i、公司国际市场竞争力为 E_i,且 $i=1,2,3$,加权求和得

$$X_{123} = \sum_{i=1}^{3} X_i$$

计算过程如图 5.3 所示。

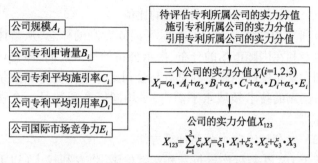

图 5.3　专利权人实力分值 X_{123} 的计算过程

图 5.3 中，ξ_1,ξ_2,ξ_3 分别为待评估专利的专利权人实力、待评估专利施引的专利权人实力、待评估专利引用的专利所属专利权人实力对 X_i 的权重，$\xi_1+\xi_2+\xi_3=1,0<\xi_i<1$。

5.2.6　专利技术竞争力分值

专利技术竞争力指标的量化结果为专利技术竞争力分值，即利用专利的施引数、专利的引用数和专利的同族专利数计算专利技术竞争力分值，来表示专利技术竞争力指标。

（1）专利技术竞争力三要素

施引专利数反映专利被引用次数，被引用次数越多说明该专利越可能属于基础专利，具有较高的技术价值；引用专利数是待评估专利引用其他公司专利的数量，引用越多说明待评估专利是对引用专利技术上或外观上的进一步改进；同族专利数反映国际市场竞争力大小，在发达国家或地区申请的专利越多，说明该专利有较大的市场价值。

（2）专利技术竞争力分值的计算方法

将专利技术竞争力分值记为 Z，则 Z 的具体计算过程如图 5.4 所示。

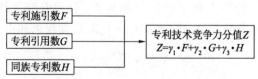

图 5.4　专利技术竞争力 Z 的计算过程

图 5.4 中,$\gamma_1,\gamma_2,\gamma_3$ 分别为专利施引数 F、引用专利数 G 和专利同族专利数 H 对专利技术竞争力的权重,$\gamma_1 + \gamma_2 + \gamma_3 = 1, 0 < \gamma_i < 1$。

5.2.7 专利隐性静态价值计算方法

基于专利权人实力分值 X 计算专利静态价值,将专利静态价值记为 V,则 V 的具体计算过程如图 5.5 所示。

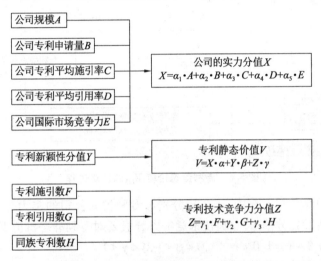

图 5.5 专利静态价值 V 的计算过程

基于专利权人实力分值 X_{123} 计算专利静态价值,将专利静态价值记为 V_{123},则 V_{123} 的具体计算过程如图 5.6 所示。

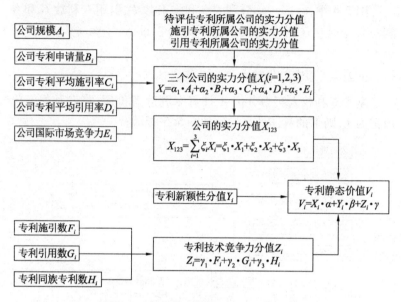

图 5.6   专利静态价值 V_{123} 的计算过程

图 5.5 与 5.6 中，α,β,γ 分别为专利权人公司的实力分值 X、专利新颖性分值 Y、专利技术竞争力分值 Z 对专利静态价值 V 的权重，$\alpha+\beta+\gamma=1,0<\alpha<1,0<\beta<1,0<\gamma<1$。

专利静态价值的计算过程如下：

步骤一：计算专利权人即公司的实力分值 X。

基于 DWPI 数据库进行信息检索，计算专利的专利权人实力分值，具体包括以下过程：

确定公司规模 A：公司人数 $T<50$ 时，$A=25$；$50\leqslant T\leqslant150$ 时，$A=50$；$151\leqslant T\leqslant400$ 时，$A=75$；$T\geqslant401$ 时，$A=100$。

确定公司专利申请量 B：专利申请量 $K<50$ 时，$B=25$；$50\leqslant K\leqslant150$ 时，$B=50$；$151\leqslant K\leqslant300$ 时，$B=75$；$K\geqslant301$ 时，$B=100$。

确定公司专利平均施引率 C：平均施引率 $S<1$ 时，$C=25$；$1\leqslant S\leqslant1.5$ 时，$C=50$；$1.5<S\leqslant3$ 时，$C=75$；$S>3$ 时，$C=100$。

确定公司专利平均引用率 D：平均引用率 $M<1$ 时，$D=25$；$1\leqslant M\leqslant10$ 时，$D=50$；$10<M\leqslant20$ 时，$D=75$；$M>20$ 时，$D=100$。

确定公司国际市场竞争力 E:公司专利的平均同族专利数 $N = 1$ 时,$E = 0$;$2 \leqslant N \leqslant 5$ 时,$E = 25$;$6 \leqslant N \leqslant 10$ 时,$E = 75$;$N \geqslant 11$ 时,$E = 100$。

因此专利权人实力分值 X 为

$$X = \alpha_1 \cdot A + \alpha_2 \cdot B + \alpha_3 \cdot C + \alpha_4 \cdot D + \alpha_5 \cdot E \qquad (5.6)$$

基于三个公司实力分值加权求和的结果作为公司实力,分别计算三个公司的实力分值,计算过程同基于待评估专利的专利权人所属公司实力的计算过程,加权求和后得出专利权人公司的实力分值 X_{123}。

$$X_{123} = \sum_{i=1}^{3} X_i = \xi_1 \cdot X_1 + \xi_2 \cdot X_2 + \xi_3 \cdot X_3 \qquad (5.7)$$

步骤二:计算专利新颖性分值 Y。

依据专利新颖性分值的具体计算方法,计算专利新颖性分值 Y。

步骤三:计算专利技术竞争力分值 Z。

确定专利施引数 F:当专利的施引专利数 $L = 0$ 时,$F = 0$;$1 \leqslant L \leqslant 5$ 时,$F = 25$;$6 \leqslant L \leqslant 10$ 时,$F = 50$;$11 \leqslant L \leqslant 15$ 时,$F = 75$;$L \geqslant 16$ 时,$F = 100$。

确定专利引用数 G:当专利的被引用次数 $Q = 0$ 时,$G = 0$;$1 \leqslant Q \leqslant 10$ 时,$G = 25$;$11 \leqslant Q \leqslant 20$ 时,$G = 50$;$21 \leqslant Q \leqslant 50$ 时,$G = 75$;$Q \geqslant 51$ 时,$G = 100$。

确定专利同族专利数 H:专利的同族专利数 $R = 1$ 时,$H = 0$;$2 \leqslant R \leqslant 5$ 时,$H = 25$;$6 \leqslant R \leqslant 9$ 时,$H = 75$;$R \geqslant 10$ 时,$H = 100$。

因此,专利技术竞争力分值 Z 为

$$Z = \gamma_1 \cdot F + \gamma_2 \cdot G + \gamma_3 \cdot H \qquad (5.8)$$

步骤四:计算专利静态价值 V。

基于专利权人实力分值 X 计算专利静态价值 V:

$$V = X \cdot \alpha + Y \cdot \beta + Z \cdot \gamma \qquad (5.9)$$

基于专利权人实力分值 X_{123} 计算专利静态价值 V_{123}:

$$V_{123} = X_{123} \cdot \alpha + Y \cdot \beta + Z \cdot \gamma \qquad (5.10)$$

5.3 基于专利文献检索的专利隐性静态价值实证分析

以同属 AT&T 公司的专利号为 US7860024B1 的专利(以下简称专利 P_1)和专利号为 US7684432B2 的两个专利(以下简称专利 P_1')为实证对象,利用本书的方法分别计算其价值。以 2010 年 AT&T 公司所有公开专利为数据集,基于 DWPI 数据库的专利文献检索,针对专利的静态价值进行研究,从专利权人实力、专利新颖性、专利技术竞争力 3 个维度展开,结合案例进行实证分析,发现专利权人指标、专利新颖性指标、专利技术竞争力指标对专利静态价值的影响,从而进一步提高专利静态价值计算的客观性和可操作性。

5.3.1 数据准备

通过 DWPI 数据库检索发现专利 P_1 的引证关系:① 前向引证:专利 P_1 被 Juniper Networks 公司专利号为 US8018873B1 的专利(以下简称专利 P_2)所引用;② 后向引证,专利 P_1 引用了 Cisco 公司拥有的专利号为 US6820134B1 的专利(以下简称专利 P_0)。

专利 P_1' 的引证关系:① 前向引证,专利 P_1' 被 BCE 公司拥有的公开号为 WO2011079381A1 的专利(以下简称专利 P_2')所引用;② 后向引证:专利 P_1' 引用了 Lucent Technologies 公司拥有的专利号为 US6975594B1 的专利(以下简称专利 P_0')。

专利 P_1 和 P_1' 前后向引证关系如图 5.7 所示。

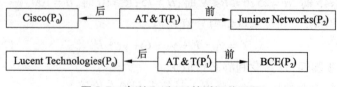

图 5.7　专利 P_1 和 P_1' 的引证关系图

以上涉及的各公司实力相关信息检索结果如表 5.3 所示。

表5.3　公司实力五要素

公司名称	公司人数	申请量	平均施引率	平均引用率	平均同族专利数
AT&T	≥294 600	925	3.46	22.06	2.93
Juniper Networks	≥9 400	527	3.74	21.95	19.78
Cisco	≥63 756	1 223	2.80	18.39	4.73
BCE	≥60 000	40	1.09	8.81	4.48
Lucent Technologies	≥4 000	122	0.29	2.63	12.78

检索专利 P_1 和 P_1' 文献,构建专利 P_1 和 P_1' 专利文献结构树,可清楚地显示专利文献的编排特征和具体文献内容。

专利技术竞争力相关指标信息检索结果如表5.4所示。

表5.4　专利技术竞争力三要素

专利	施引专利数	引用专利数	同族专利数
P_1	2	33	1
P_1'	17	115	2

5.3.2　专利 P_1 的静态价值计算

各要素的权系数设置如下: $\alpha_1 = 0.10$, $\alpha_2 = 0.15$, $\alpha_3 = 0.30$, $\alpha_4 = 0.25$, $\alpha_5 = 0.20$; $\gamma_1 = 0.35$, $\gamma_2 = 0.45$, $\gamma_3 = 0.20$; $\alpha = 0.25$, $\beta = 0.35$, $\gamma = 0.40$; $\xi_1 = 0.60$, $\xi_2 = 0.25$, $\xi_3 = 0.15$。

(1)以 AT&T 公司实力分值作为专利权人实力分值 X 计算专利 P_1 的静态价值

① 计算专利 P_1 所属 AT&T 公司的实力分值作为专利权人实力分值 X。

AT&T 公司人数为 294 600 余人,即 $A_1 = 100$;专利申请量为 925 件,即 $B_1 = 100$;专利的平均施引率为 3.46,即 $C_1 = 100$;专利的平均引用率为 22.06,即 $D_1 = 100$;专利的平均同族专利数为 2.93,即 $E_1 = 25$;代入式(5.6)得

$X = 0.10 \times 100 + 0.15 \times 100 + 0.30 \times 100 + 0.25 \times 100 + 0.20 \times 25 = 85$

② 计算专利新颖性分值 Y。

步骤一:预处理。

预处理专利 P_1 的五要素文本文档,结合专利技术词典,人工排除大量重复无贡献词,保留有价值的词项,进行文本预处理;将 IPC 分类号进行字符串处理,构建一个新的文本集。以专利文献 P_1 的名称为例,处理的部分结果如图 5.8 所示。

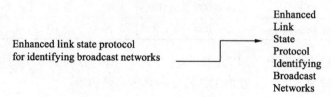

图 5.8 专利文献 P_1 的名称预处理

步骤二:特征提取。

根据步骤一获得的预处理后的文本集,采用本书所提出的专利新颖性分值方法对文本集进行最优特征提取,如图 5.9 所示为专利文献 P_1 的特征向量。

1	1	1	1	0	0	0	0	0	0	0	0	0	0	0	0	0	0	0	0
61	49	18	47	16	12	0	0	0	0	61	0	49	47	16	0	0	0	0	0
61	49	18	47	9	22	20	16	12	9	0	61	0	20	49	47	16	0	0	0
30	29	28	25	24	61	22	49	18	38	0	0	0	61	0	0	0	0	0	0
30	29	27	28	25	24	61	22	49	18	0	0	0	61	0	0	0	0	0	0
30	29	27	28	25	24	61	22	49	18	0	0	0	0	61	0	0	0	0	0

图 5.9 专利文献 P_1 的特征向量

步骤三:计算新颖性分值。

根据步骤二获得的特征向量进行专利文献相似度计算,继而获得专利文献 P_1 的新颖性分值。其中,专利文献 P_1 的引文信息包含 18 篇引用文献与施引文献。将 18 篇文献分别进行文本预处理与特征提取,专利 P_1 与 18 篇文献的相似度和新颖性分值结果如表 5.5 所示,专利文献 P_1 与对比文献的相似度和新颖性分值的平均值与均方差如表 5.6 所示。

如表 5.6 所示,相似度均方差与新颖性分值均方差比较低,说

明专利文献 P_1 的新颖性比较好,具有参考价值。因此,本书将专利文献 P_1 的新颖性分值的平均值作为专利文献 P_1 的新颖性分值,即 $Y = 0.0971$。

表 5.5　专利文献 P_1 与对比文献的相似度与新颖性分值　　%

对比文献	相似性	新颖性
EP1841167B1	92.02	7.98
EP2025096B1	93.28	6.72
US7573819B2	94.73	5.27
US7586885B2	88.11	11.89
US7656872B2	92.72	7.28
US7683923B2	77.14	22.86
US7801039B2	95.42	4.58
US8229087B2	92.08	7.92
US8437352B2	90.17	9.83
US8767530B2	95.02	4.98
US20090081996A1	95.19	4.81
US20090082029A1	89.53	10.47
US20100035595A1	92.01	7.99
US20100134589A1	78.91	21.09
US20100260100A1	85.08	14.92
US20120195196A1	97.74	2.26
WO2006074008A9	97.08	2.92
WO2011079381A1	78.91	21.09

表 5.6　专利文献 P_1 与对比文献的相似度与新颖性
分值的平均值与均方差　　%

相似度平均值	相似度均方差	新颖性分值平均值	新颖性分值均方差
90.29	6.3372	9.71	6.3372

③ 计算专利 P_1 技术竞争力分值 Z。

P_1 的施引专利数为 2,即得 $F = 25$;被专利引用次数为 33,即得

$G = 75$;同族专利数为 1,即得 $H = 0$,代入式(5.8)得

$$Z = 0.35 \times 25 + 0.45 \times 75 + 0.20 \times 0 = 42.5$$

④ 计算专利 P_1 的静态价值 V。

将计算得出的专利权人实力分值 X、专利新颖性分值 Y、专利技术竞争力分值 Z 的结果代入式(5.9)得 $V = 45.1485$。

(2)综合考虑待评、施引、被引专利所属公司实力要素计算专利 P_1 的静态价值

记 AT&T 的公司实力为 X_1,Juniper Networks 的公司实力为 X_2,Cisco 的公司实力为 X_3,三者加权求和的结果 X_{123} 作为公司的实力分值,结合专利新颖性分值 Y、专利技术竞争力分值 Z,计算得出的专利价值 V_{123} 作为专利静态价值。在 DWPI 数据库中分别检索 Juniper Networks 和 Cisco 的公司规模、专利申请量、施引专利数、引用专利数、同族专利数等信息,其检索结果如表 5.7 所示。

表5.7　三公司的规模和专利情况

公司名称	公司人数/A_i	公司专利申请量/B_i	公司专利平均施引率/C_i	公司专利平均引用率/D_i	公司专利平均同族专利数/E_i
AT&T	294 600/100	925/100	3.46/100	22.06/100	2.93/25
Juniper Networks	9 400/100	527/100	3.74/100	21.95/100	19.78/100
Cisco	63 756/100	1 223/100	2.80/75	18.39/75	4.73/25

将表 5.7 相关信息分别代入式(5.6),从而有:

$X_1 = 0.10 \times 100 + 0.15 \times 100 + 0.30 \times 100 + 0.25 \times 100 + 0.20 \times 25$
$\quad = 85$

$X_2 = 0.10 \times 100 + 0.15 \times 100 + 0.30 \times 100 + 0.25 \times 100 + 0.20 \times 100$
$\quad = 100$

$X_3 = 0.10 \times 100 + 0.15 \times 100 + 0.30 \times 75 + 0.25 \times 75 + 0.20 \times 25$
$\quad = 71.25$

代入式(5.7)后得 X_{123},结合专利新颖性分值 Y、专利技术竞争力分值 Z,再代入式(5.10),从而有:

$$X_{123} = 0.60 \times 85 + 0.25 \times 100 + 0.15 \times 71.25 = 86.69$$
$$Y = 0.097\ 1$$
$$Z = 0.35 \times 25 + 0.45 \times 75 + 0.2 \times 0 = 42.5$$
$$V_{123} = 42.206\ 485$$

5.3.3　专利 P_1' 的静态价值计算

本计算过程中,各要素的权重系数设置同专利 P_1 的静态价值计算过程中各要素的权重系数设置。

（1）以 AT&T 公司实力分值为专利权人公司实力分值 X 计算专利 P_1' 的静态价值

因专利 P_1' 和 P_1 都属于美国 AT&T 公司所拥有的专利,所以此过程的公司实力分值相同,即 $X = 85$。

专利 P_1' 的新颖性分值的计算过程同专利 P_1,结果如图 5.10、图 5.11 所示。

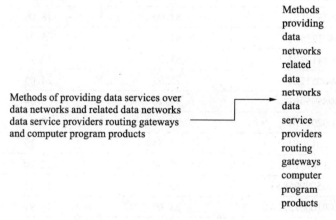

图 5.10　专利文献 P_1' 的名称预处理

0	0	0	1	0	0	0	0	0	0	1	1	1	1	0	0	0	0	0	0
139	77	0	87	42	1	0	0	0	0	139	40	77	87	42	0	0	0	0	0
139	77	0	87	0	2	79	42	1	3	59	139	40	79	77	87	42	10	3	1
0	0	0	0	0	139	0	77	0	10	59	54	53	48	139	46	40	40	40	36
0	0	0	0	0	0	139	0	77	0	59	54	53	48	139	46	38	40	40	40
0	0	0	0	0	0	139	0	77	0	59	54	53	48	139	46	38	40	40	40

图 5.11　专利文献 P_1' 的特征向量

专利文献 P'_1 与对比文献的相似度和新颖性分值如表 5.8 所示。专利文献 P'_1 与对比文献的相似度与新颖性分值的平均值与均方差如表 5.9 所示。

表 5.8　专利文献 P'_1 与对比文献的相似度与新颖性分值　　　%

对比文献	相似性	新颖性
US6094682A	88.07	11.93
US6363319B1	93.72	6.28
US6574663B1	77.20	22.80
US6600724B1	77.67	22.33
US6650626B1	82.57	17.43
US6728214B1	79.07	20.93
US6751660B1	95.29	4.71
US6820134B1	93.86	6.14
US6823395B1	82.00	18.00
US6871235B1	94.72	5.28
US6944159B1	81.27	18.73
US6980537B1	75.95	24.05
US6985959B1	94.16	5.84
US7002917B1	94.79	5.21
US7200120B1	77.81	22.19
US8018873B1	77.30	22.70
US2005099958A1	83.82	16.18
US20010032272A1	88.09	11.91
US20010053149A1	87.08	12.92
US20020141378A1	76.41	23.59
US20020163884A1	92.36	7.64
US20020176359A1	96.65	3.35
US20020196802A1	76.58	23.42
US20030026212A1	88.51	11.49

续表

对比文献	相似性	新颖性
US20030026268A1	92. 58	7. 42
US20030058804A1	87. 31	12. 69
US20040233859A1	89. 02	10. 98
US20050099958A1	86. 41	13. 59
US20050198250A1	80. 25	19. 75
US20050265260A1	93. 78	6. 22
US20060069779A1	82. 12	17. 88
US20110289119A1	96. 64	3. 36
US20120075986A1	94. 07	5. 93
US20120075988A1	92. 63	7. 37
US20130275622A1	75. 70	24. 30
US20140057644A1	81. 16	18. 84

表 5.9　专利文献 P_i' 与对比文献的相似度与新颖性分值的
平均值与均方差　　　　　　　　　%

相似度平均值	相似度均方差	新颖性分值平均值	新颖性分值均方差
86. 30	0. 713 8	13. 70	0. 713 8

计算得：

专利 P_i' 的新颖性分值 $Y = 0.137$。

根据专利 P_i' 技术竞争力三要素相关数据检索结果，得专利 P_i' 技术竞争力分值 $Z = 0.35 \times 100 + 0.45 \times 100 + 0.20 \times 25 = 85$。

P_i' 的专利静态价值 $V = 55.297\,95$。

（2）综合考虑待评、施引、被引专利所属公司实力要素计算专利 P_i' 的静态价值

检索 BCE 和 Lucent Technologies 的公司规模、专利申请量、施引专利数、引用专利数和同族专利数，其检索结果如表 5.10 所示。

表 5.10 三公司的规模和专利情况

公司名称	公司人数 /A_i	公司专利 申请量/B_i	公司专利 平均施引 率/C_i	公司专利 平均引用 率/D_i	公司专利 平均同族 专利数/E_i
AT&T	294 600/100	925/100	3.46/100	22.06/100	2.93/25
BCE	60 000/100	40/25	1.09/50	8.81/50	4.48/25
Lucent Technologies	4 000/100	122/50	0.29/25	2.63/50	12.78/100

将表 5.10 中的相关信息分别代入式(5.6),从而有:

$$X_1 = 0.10 \times 100 + 0.15 \times 100 + 0.30 \times 100 + 0.25 \times 100 + 0.20 \times 25$$
$$= 85$$

$$X_2 = 0.10 \times 100 + 0.15 \times 25 + 0.30 \times 50 + 0.25 \times 50 + 0.20 \times 25$$
$$= 46.25$$

$$X_3 = 0.10 \times 100 + 0.15 \times 50 + 0.30 \times 25 + 0.25 \times 50 + 0.20 \times 100$$
$$= 57.5$$

代入式(5.7)后得 X_{123},结合专利新颖性分值 Y、专利技术竞争力分值 Z,再代入式(5.10),从而有:

$$X_{123} = 0.60 \times 85 + 0.25 \times 46.25 + 0.15 \times 57.5 = 71.19$$

$$Y = 0.137$$

$$Z = 0.35 \times 100 + 0.45 \times 100 + 0.20 \times 25 = 85$$

$$V_{123} = 51.845\ 45$$

5.3.4 专利 P_1 和 P_1' 的静态价值计算结果比较分析

对专利 P_1 和 P_1' 分别进行分析和计算,结果如表 5.11 所示。

表 5.11 专利 P_1 和 P_1' 静态价值计算结果比较

专利	公司实力 分值 X	公司实力 分值 X_{123}	专利新颖 性分值 Y	专利技术 竞争力分值 Z	专利静态 价值 V	专利静态 价值 V_{123}
P_1	85	86.69	0.0971	42.5	45.148 5	42.206 485
P_1'	85	71.19	0.137	85	55.297 95	51.845 45

计算一个专利权人的实力,从专利权人的公司规模、专利申请量、专利平均施引率、专利平均引用率和专利平均同族专利数 5 个

要素来衡量。对同一公司的两个不同专利 P_1 和 P_1'，由于二者引用和被引用的专利不同且所属的专利权人不同，将前向引用专利所属公司、后向引用专利所属公司及待评估专利所属公司的实力分别加权求和后所得公司实力分值 X_{123} 也有所不同，从而进一步挖掘专利权人信息对专利静态价值的影响。计算专利 P_1 和专利 P_1' 的新颖性分值，通过新颖性分值差距，探讨专利新颖性是否对专利静态价值有影响、影响程度有多深。专利 P_1 和专利 P_1' 的施引专利数、引用专利数和同族专利数均不相同，并有较大的差别，所以利用此三要素计算专利技术竞争力分值发现：专利 P_1' 的施引专利数和引用专利数高于专利 P_1 的施引专利数和引用专利数，因此专利 P_1' 的技术竞争力分值远高于专利 P_1 的技术竞争力分值，导致专利 P_1' 的静态价值也明显高于专利 P_1 的静态价值，进一步证实专利技术竞争力中三要素对专利静态价值的影响。

通过本章的研究，可得出以下主要结论：

国内外目前关于专利静态价值的研究还处于起始阶段。

专利新颖性指标是专利静态价值评估的重要指标。利用构建的专利文献六要素结构树模型，利用改进的 LP–TF–IDF 算法提取特征词，基于专利文献六要素加权的夹角余弦公式计算专利新颖性分值是切实可行的。

专利权人指标对专利静态价值的评估具有重要的影响作用。现有的研究仅考虑待评估专利的专利权人，本书将待评估专利的专利权人、待评估专利施引专利的专利权人、待评估专利引用专利的专利权人视为一个整体作为专利权人指标，提高了专利静态价值计算的精确性，进一步改进和完善了现有的专利权人指标。

专利技术竞争力指标是专利静态价值评估的另一重要指标，很好地体现了专利技术对专利价值的重要性。利用专利引用数、专利施引数、同族专利数要素计算专利技术竞争力分值，用来表示专利技术竞争力指标分值，进一步提高了专利静态价值计算的精确性。

实证分析结果的显著性差异表明：本章提出的专利静态价值

指标体系是有效的、切实可行的。专利新颖性、专利权人实力、专利技术竞争力指标是专利静态价值的三大重要指标,特别是专利新颖性指标与专利技术竞争力指标。

专利价值具有不确定性和复杂性。提出的专利新颖性指标、专利权人指标和专利技术竞争力指标在一定程度上体现了专利的价值,但专利静态价值指标体系还需要不断地挖掘、补充,在大量实证分析的基础上,逐步完善。各指标的权系数的设定可依具体的实际应用情况不同而不同,进一步优化权系数设定方法。

在专利文献相似度计算的过程中,用于专利文本向量相似度计算的数学方法有待进一步深入研究,以提供更好的数学模型用于专利文本向量的相似度计算,从而进一步提高相似度计算的精准率和召回率。如何构造核函数并用于此类相似度计算,是未来研究的重要方向。

本章主要参考文献

[1] 肖国华,王春,姜禾,等. 专利分析评价指标体系的设计与构建[J]. 图书情报工作,2008,52(3):96 - 99.

[2] Reitzig M. Improving Patent Valuations for Management Purposes— Validating New indicators by Analyzing Application Rationales[J]. Research Policy,2004,33(6):939 - 957.

[3] Kaplan S, Vakili K. Breakthrough Innovations: Using Topic Modeling to Distinguish the Cognitive from the Economic[D]. Rotman School of Management, University of Toronto, 2012.

[4] 王学丽,李晓艳,李慧文,等. 新专利法新颖性判断的变化对化学领域发明专利申请的影响及应对策略[J]. 广东化工,2013,40(2):59,61.

[5] 袁方. 发明与实用新型专利新颖性制度研究[D].贵阳:贵州大学,2008.

[6] 曲凯,武雪梅. 第二制药用途类专利申请中新颖性、创造性的问

题分析和申请策略[J]. 中国医药生物技术,2014(1):74 –77.

[7] Gerken J M, Moehrle M G. A New Instrument for Technology Monitoring: Novelty in Patents Measured by Semantic Patent Analysis[J]. Scientometrics,2012,91(3):645 –670.

[8] 宋河发,穆荣平,陈芳. 专利质量及其测度方法与测度指标体系研究[J]. 科学学与科学技术管理,2010,31(4):21 –27.

[9] Bessen J. The Value of US Patents by Owner and Patent Characteristics[J]. Research Policy,2008,37(5):932 –945.

[10] Kim J H, Choi K S. Patent Document Categorization Based on Semantic Structural Information [J]. Information Processing & Management,2007,43(5):1200 –1215.

[11] 张瑾. 基于改进 TF –IDF 算法的情报关键词提取方法[J]. 情报杂志,2014(4):153 –155.

[12] 方延风. 科技项目查重中特征词 TF –IDF 值计算方法的改进 [J]. 情报探索,2012(1):1 –3.

[13] 王秀红,袁艳,赵志程,等. 专利文献检索及其在专利静态价值计算中的应用[J]. 情报理论与实践,2014,37(12):76 –80.

[14] 中华人民共和国商务部:日本将推行专利价值评估以实施知识产权战略 [EB/OL]. [2002 –06 –25]. http://www. mofcom. gov. cn/article/i/jyjl/j/200207/20020700030534. shtml.

[15] Hall B H, Jaffe A, Trajtenberg M. Market Value and Patent Citations[J]. RAND Journal of Economics,2005,36(1):16 –38.

[16] 李鹏. 规模大小与企业利润——基于中国企业 500 强动态面板数据的实证研究[J]. 现代管理科学,2010(10):67 –69.

[17] Albert M B, Avery D, Narin F, et al. Direct Validation of Citation Counts as Indicators of Industrially Important Patents [J]. Research Policy,1991,20(3):251 –259.

[18] 刘星. 专利价值评估中的法律因素及指标研究[D]. 湘潭:湘潭大学,2014.

[19] Carpenter M P, Narin F, Woolf P. Citation Rates to Technologi-

cally Important Patents [J]. World Patent Information, 1981, 3(4):160 – 163.

[20] Barney J. Comparative Patent Quality Analysis —A Statistical Approach for Rating and Valuing Patents Assets [M]. Mimeo, NACVA Valuation Examiner. 2001.

第6章 基于顾客价值理论的专利隐性动态价值研究

运用马克思"劳动价值论"剖析专利价值的内涵,将专利价值分为:专利自身所包含的技术创新水平和法律独占性带来的垄断收益,构成专利价值基础即价值;专利作为无形资产在进行市场中进行专利抵押、转让、融资等交易活动实现的使用价值。从购买者视角,基于顾客价值理论挖掘专利的长远利益价值,即专利隐性动态价值。从指标体系的构建原则、指标体系的选取、指标内涵等方面展开研究,在构建面向专利购买者的评估指标体系过程中,引入顾客价值理论,扩充专利技术、外围环境、购买目的这三大驱动因素相关影响指标;分析同一专利在不同的时期、不同的购买者实施能力、不同的购买目的、不同的社会环境等背景下的不同价值,从而进一步深入挖掘出专利隐性动态价值,丰富专利价值评估的方法模型,很大程度上完善了评估指标体系,进一步提高专利价值评估的目的性、针对性和准确性。

6.1 研究内容及框架

本章对马克思"劳动价值论"、专利价值、顾客价值、顾客价值理论等相关概念和理论的梳理、辨析,以不同的专利购买目的对专利价值感知方式的不同为切入点,建立面向专利购买者的价值评估指标体系,包括以下主要内容。

马克思"劳动价值论"视角下剖析专利价值的概念与内涵。专利本质上是对一项技术的独占权,通过科技劳动得到的技术创新,经过申请获得专利垄断权。专利技术、法律价值构成其价值基础,经济价值的实现则是使用价值的体现。利用马克思"劳动价值论"剖析专利的内涵。

基于顾客价值理论挖掘专利隐性动态价值,完善评估指标体系。 从顾客价值的驱动因素出发,设置专利购买者的价值驱动要素专利技术、外围环境、购买目的三大维度;重点从购买目的角度完善指标体系,将购买目的指标分为生产经营(生产销售、技术转让、产品升级)、品牌效应(增加专利储备、构建技术壁垒、增加产品附加值)、长短期投资(获得政策扶持、获得专利许可费、专利质押融资)。

以农机领域专利为例进行实证分析。 将关联矩阵中的古林法与 AHP 相结合,利用古林法计算各级指标权重,采用 AHP 方法的一致性检验验证矩阵是否具有一致性,使指标赋权更为科学合理。在此基础上使用模糊数学理论进行综合评估,使定性和定量分析相结合,确保评估结果客观可靠。选取播种机械、插秧机械、移栽机械、施肥机械、耕整机械 5 个农机装备领域的专利做实证分析;以德温特专利数据库作为专利数据检索平台,在专利检索专家和 5 个农机领域的技术专家参与下进行专利检索;遴选出 10 件具有代表性的专利进行分析,基于所构建的指标体系采用模糊综合评价法计算样本专利得分;进一步将计算得分与农机专家打分结果进行对比分析,验证所构建的指标体系的合理性。

提出基于专家知识的专利价值评估一般流程。 本书基于专家知识经验对指标体系进行权重计算,结合专家知识经验,利用模糊综合评价法计算待评估专利价值,利用专家知识经验提升专利价值评估的准确性,研究过程可形成一套完整的专利价值评估流程,为未来专利价值评估的智能化、自动化、科学化、规范化、流程化等提供理论参考。

此外,本章还根据研究结果为专利买卖双方提供专利价值评估的决策参考和建议。

本章具体的技术路线图如图 6.1 所示。

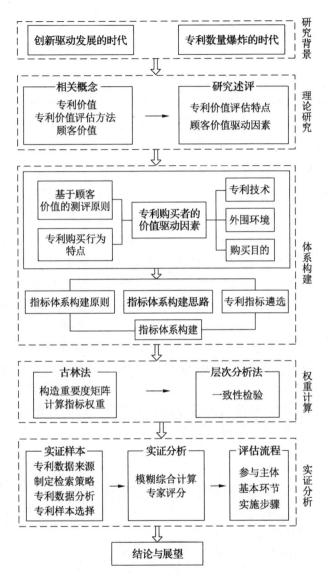

图 6.1　基于顾客价值理论的专利隐性动态价值挖掘及计算技术路线

6.2 相关概念及理论

顾客价值理论是营销学中的经典理论,关于其驱动因素的研究也为本书设置专利顾客的驱动因素奠定了良好的基础。通过先前研究的总结,本章对相关因素进行汇总,为指标体系的构建提供相应的理论依据。

6.2.1 马克思"劳动价值论"剖析专利价值的内涵

马克思"劳动价值论"认为商品具有价值和使用价值二重性。使用价值是可供人类使用的价值,是商品的自然属性,具有不可比较性;价值是商品的社会属性,构成商品交换的基础[1]。专利本质上是对一项技术的独占权,通过科技劳动得出新技术,再经过申请获得专利垄断权。从这一理论来看,专利包含的技术、法律价值构成其使用价值的基础,经济价值的实现则是专利价值的体现。因此,本书认为专利价值主要有两方面的体现,一是专利自身所包含的技术创新水平和法律独占性带来垄断收益,构成专利使用价值基础;二是专利作为商品在进行生产销售、技术转让等交易过程实现的价值。

结合现有专利价值内涵分析和专利所具有的价值和使用价值,构建专利价值理论模型框架,如图6.2所示。

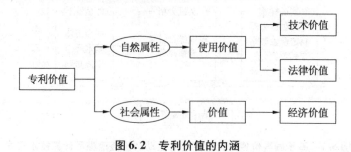

图6.2 专利价值的内涵

本书认为一项专利首先具有技术价值和法律价值,技术价值来自于专利技术本身,法律价值取决于专利所包含的技术创新程度和保护范围,两者构成专利的使用价值。经济价值是在市场经济中,专利为专利权人带来的经济收益,体现了专利的价值。对专利卖方来说,有意义的是专利价值,因为卖方关注的是专利是否能够卖出,此时专利交易的目的是用于交换,即价值是否能实现。对专利买方而言,有意义的是使用价值,因为买方关心的是自己购买的专利是否达到购买期望,购买专利的目的是为自己所用。因此,同一件商品对不同的购买者来说有不同的使用价值,相同的专利在不同的环境中对购买者来说会有不同的价值感知。所以在后续的专利价值评估中,应考虑专利购买者的主观需求和不同的购买目的。

6.2.2　顾客价值理论

顾客价值理论是现代营销学中的经典理论之一,主要是从顾客角度出发来评估产品价值。顾客价值理论认为市场营销的核心在于帮助交换各方感知产品或服务的价值,将整个营销过程看成一个价值感测、价值创造和价值传递的过程。顾客感知价值的核心是既得利益与获取产品或服务所付出的感知成本之间权衡比较,即收益和损失之间的权衡。通过文献调研发现,顾客价值理论研究主要有顾客价值的定义、层次模型及驱动因素三大研究热点。

（1）顾客价值的定义

学者 Jackson 首先提出了价值的内涵,从消费者角度来衡量价值,将价值认定为感知的利得与产品价格之间的比值[2],将顾客价值看作一种比较权衡的过程。在此基础上,学者们从不同的视角对顾客价值的定义进行剖析。例如,国外学者 Zeithaml 强调顾客感知价值是顾客在购买过程中所获得的利益与成本之间权衡对比之后,对所购买的产品对象进行的总体评价过程[3]。Kotler 在《营销管理》中提出,顾客感知价值是指潜在顾客评估一个产品或服务或其他选择方案整体所得利益与所付成本之差[4]。Oliver 指出,顾客价值是某个产品或某项服务实现顾客某种愿望的程度[5]。

国内对顾客价值的研究起步较晚,主要是在国外现有理论基础上发展而来的。我国学者白长虹从感知利得和利失比衡来定义顾客价值[6]。顾客价值来源于顾客通过学习得到的感知、偏好和评价,并将产品、使用情景和目标导向的顾客所经历的相关结果相联系[7],得到大多数学者的认同。在此基础上,我国学者张明立等进一步将顾客价值归纳为 5 个特征——"主观性、情景性、层次性、动态性和相对性"[8]。在对顾客价值定义的理解后,学者们从各个行业出发丰富了顾客价值理论的研究。崔香兰以顾客价值的酒店服务营销策略为研究对象,提出基于顾客价值的酒店服务营销策略[9]。周晓琦等以现有的顾客价值和顾客满意度理论为基础,结合产品特点和顾客需求,建立了顾客满意度测评指标体系[10]。陈霞等在回顾西方顾客价值模型基础上,从信息加工理论角度构建基于有限理性的顾客价值模型[11]。

到目前为止,学术界还没有形成顾客价值的统一概念。虽然学者们都从不同的角度对顾客价值进行了定义说明,但不难发现,学者对于顾客价值的概念都是从感知利得与感知利失两方面出发,基本上都认同顾客价值的核心就是感知利得与感知利失的权衡。

本书对顾客感知价值的定义如图 6.3 所示。感知利得是顾客期望从某一产品或服务中得到的利益,如获得产品价值、服务价值、品牌价值等;而感知利失就是顾客为得到这一利益付出的代价,如付出货币、时间、精力等成本。顾客对感知利得和感知利失的综合衡量影响着顾客的购买行为。

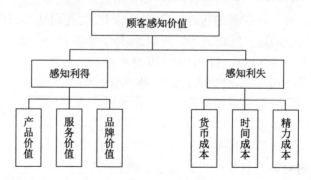

图 6.3 顾客感知价值的定义

（2）顾客价值理论层次模型

顾客价值包含两个主体：从顾客视角来说，顾客价值主要是指付出的成本和得到的收益间的比值，强调企业应该考量顾客感知价值的方式，为顾客提供效益最大化的产品或服务；从企业视角来说，若要实现企业自身价值，也需要关注高价值的顾客。顾客在进行购买决策时会根据价值感知形成自身的价值体系，不仅会考虑购买产品带来的即时收益，还会对产品因本质特点而具有的潜在收益抱有希望。

美国田纳西大学教授 Woodruff 就此提出顾客价值理论层次模型[12]，他在研究中将顾客价值分为目的层、结果层、属性层三个层次。在三个价值层级中，具体的产品属性只是实现顾客对使用结果期望的手段，而顾客是否达到了购买的目的取决于使用产品的结果。该顾客价值层次模型（图 6.4），明确了顾客对产品满意度的衡量标准，也从侧面显示了顾客对产品价值判断的过程。因此，顾客价值理论层次模型不仅适用于对产品和服务的评价，还可以从顾客满意度形成过程分级剖析顾客的满意层次，有利于产品或服务的供给方从顾客视角分析顾客需求对顾客满意度的作用机理。

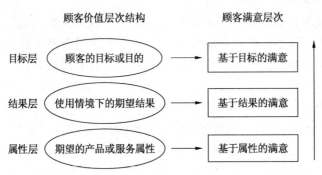

图 6.4　顾客价值理论层次模型

从上述模型来看，顾客在进行购买决策时，最先考虑的是该项产品或服务具有的基本属性，判断该项产品或服务是否能够满足购买需要。在实际应用中，顾客在使用情境下对产品或服务能实现购买目的抱有更高的期望,并在此基础上形成基于属性的满意度和基于结果的满意度和基于目标的满意度,而顾客的这些满意度判断会直接影响顾客的购买决策。在顾客满意层次中,顾客首先会根据自己购买产品或服务的目的来感知使用该产品或服务所得结果的满意度,结果的满意度判断又会影响顾客对产品或服务属性的重要性判断。从上述模型可以看出,顾客购买行为的最根本驱动因素是为了获得产品或服务的使用效果,也就是产品的使用价值,价值实现是顾客使用产品或服务的最终目的。

构建基于顾客价值理论的专利价值评估指标体系,分析专利购买者的感知价值与行为意向的关系,以及专利购买者的感知价值方式对专利价值产生的影响。专利购买者需详细地分解不同层次的专利价值构成,强调专利处于不同社会环境中的价值变化的动态性;专利权人强调在专利商用化时注重购买者不同的购买目的对专利价值评估产生的影响,在专利运营过程中应关注购买者的需求,在准确地把握不同类型购买者的购买需要和差异的基础上,加以趋势分析,才有可能制定出恰当且具有针对性的营销策略,从而最大化地实现专利顾客价值。

(3)顾客价值驱动因素

顾客价值的研究发展是企业不断寻求竞争优势的结果,根本原因在于顾客的价值导向与购买产品行为之间有直接联系,即价值驱动消费者的行为。而价值不是由生产者来衡量的,价值本身是顾客实际体验而来的。价值驱动是顾客购买行为和产品选择的决定因素[13]。

所谓驱动因素,是指客户所感知到的、与实现其目标相关的环境的刺激物[14],驱动因素共同作用促进产生购买行为。国内外学者对顾客价值的驱动因素进行了深度挖掘,认为产品的内在特征或环境的外在特征都会对顾客进行购买决策产生影响。学者Parasuraman A 等认为顾客价值驱动因素包括产品质量、服务质量和价格因素[15],在此基础上学者们对此结果进行了补充。

顾客购买行为是基于多方考量后的结果,因此学者认同多数情况是双驱动因素甚至是多因素驱动消费者的购买意愿。Higgins 认为顾客价值的驱动因素主要包括顾客既得利益与获得利益需花费的成本两方面,既得利益包括获得产品质量或服务等,成本包括产品价格等[16]。Lapierre 对加拿大的 IT 产业服务部门进行研究后,提出了顾客价值的 13 个驱动因素[17],而 Ulaga 和 Chacour 在对德国食品工业顾客价值进行研究后,按产品、服务和促销相关范畴划分了 16 个驱动因素[18]。我国学者白琳认为,顾客价值驱动因素会受到顾客的价值观、感知价值、价值判断的影响[19]。王敦海以顾客价值理论为基础,对消费者重复购买意愿的驱动要素进行了研究分析[20]。Woodruff 通过对汽车行业进行大量的实证分析,提出了客户期望价值变化的驱动模型[21]。吴志新采用实证方法识别分析出浙江省高新技术企业的顾客价值驱动因素[22]。张慧以农产品区域品牌建设为例,验证了品牌是顾客价值的重要来源及驱动性因素[23]。

　　对于顾客价值的驱动因素目前并没有统一的结论。产品质量、服务质量、价格因素、外观设计、品牌等都会对购买者产生影响。在分析驱动因素时,应当结合产品类别、所处市场环境及购买者的实际需求进行。

6.2.3　顾客价值理论研究述评

　　通过文献调研发现,国内外学者对顾客价值的定义角度多种多样。有从顾客感知价值、价值权衡、关系情感等角度对顾客价值进行定义的,也有从顾客价值的构成维度出发对其内涵进行剖析的。其中,感知价值和价值权衡视角得到了国内外学者的认同。

　　现有关于顾客价值的研究主要集中在顾客价值的内涵及价值驱动因素剖析上。国内关于顾客价值理论的研究主要是基于国外研究,国内学者倾向于结合国外理论,再将理论应用于不同的行业,积极探索在不同行业中顾客价值驱动因素的变化特征。

6.3　基于顾客价值理论的专利价值评估指标体系构建

　　专利价值评估指标体系的构建主要从指标体系的构建原则、

指标体系的选取、指标内涵的解释等方面进行。本书构建的面向专利购买者的评估指标体系,主要是从顾客价值理论中的驱动因素出发,设置适当的专利顾客驱动因素,再结合专利价值的三大影响因素,遴选指标构建完整的评估体系。基于购买者视角的隐性动态指标体系构建流程如图6.5所示。

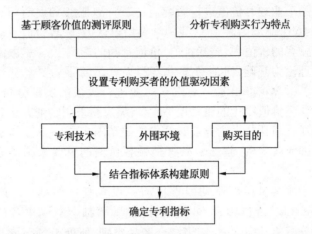

图6.5 购买者视角下专利隐性动态价值评估指标体系构建流程

从顾客价值理论的驱动因素出发,将专利购买者的驱动因素分为专利技术、外围环境及购买目的3个维度;围绕这3个维度从专利的技术、法律、经济三大影响因素出发,遵循指标选取客观性和科学性相结合原则、典型与全面相结合原则、动态和静态相结合原则、定性与定量相结合原则、操作性与可指导性相结合原则,在3个维度下遴选出技术宽度、权利宽度、引证情况、发展阶段、资源投入、法律状态、市场环境、产品需求、品牌需求、投资需求作为二级指标。进一步在二级指标下分别选取适当的三级指标,并对各级指标具体阐述,最终构建出一个包含10个二级指标和23个三级指标的专利价值评估指标体系。

6.3.1 专利顾客价值驱动因素识别

(1)基于顾客价值的测评原则

通过对顾客价值进行梳理可知,顾客的购买行为通常是在对意向产品或服务的价值评估后发生的,顾客通常是在对产品或服务进行满意度判断权衡后才会产生购买行为。购买行为的产生源于不同的驱动因素,顾客总是追求在有限的成本下实现产品或服务的价值最大化。

专利只有投入市场才能实现其价值,专利价值评估工作的方向也应当考虑市场环境及市场参与主体即顾客的购买目的。本书以顾客即专利购买者导向原则作为专利价值评估工作的基础。鉴于顾客价值内涵的模糊抽象性,本书根据专利购买行为特点和专利价值评估指标的构建原则设置专利购买者的价值驱动因素,在驱动因素下选取细化指标,确保指标体系具备良好的科学性。

（2）专利购买者的价值驱动因素

专利购买行为是购买者专利战略思想的体现和延伸,是为达到某种目标或利益而有意识进行的活动;只有目标清晰、策略和方法得当,专利价值评估工作才能带来大量具备实际使用价值的专利资源。专利价值评估工作需要考虑产业、市场、技术、法律等诸多因素。任何专利购买行为的发生都不是凭空发生的,而是依据一定的产品需求和市场竞争需求展开的,它既包括购买者内部资源的分配和使用,也包括对外部环境的评估和考量,更会涉及购买者对产业长期发展态势的预判。

（3）专利购买行为的特点

① 目的性

专利购买行为不是一种毫无目的、追求以数量取胜的市场行为。一般而言,购买者购买专利的目的是围绕自身发展规划和商业需求开展的,其购买专利的行为具有强烈的目的性。

② 前瞻性

在技术发展日新月异的时代,墨守成规的技术发展企业将会被市场所淘汰,而能预见新技术的发展方向、快速适应技术更迭的企业将在市场中占有一席之地。尤其是在技术更新快的产业中,技术革新往往会带来革命性的技术变迁。此时,购买者应当关注最新技术动态,关注国家政策变化,从未来市场、技术更替、潜在需求、潜在应用等方面评估专利价值。"产品未动,专利先行",购买者的最终目的是能够在市场竞争中形成有益格局,因此,专利价值评估工作应当具有前瞻性,在专利购买时需考虑市场的具体环境及未来市场的发展,考量专利在不同社会环境下的潜在价值。

③ 针对性

任何形式的专利价值评估的最终目的都是以最少的"感知利失"来换取最大的"感知利得",即以最少的成本获取最大的收益。因此,在开展价值评估工作时,购买者应当首先考虑并结合自身的技术优势,买卖专利进行生产销售或升级现有产品,通过专利产品提高技术含量,推动整体竞争优势的提升,进而进一步提高研发能力,确定自身技术优势。

(4) 专利顾客价值驱动因素的三大维度

通过文献调研发现,顾客价值驱动因素不是固定的,在分析顾客价值驱动因素时应当结合具体行业特征及顾客需求进行。本书在分析专利购买行为特点,结合顾客价值的测评原则与专利价值的技术、经济、法律三大影响因素后,提出专利顾客价值驱动因素的三大维度——专利技术、外围环境、购买目的。

① 专利技术

专利申请要经过国家知识产权部门的严格审核,特别是发明专利申请,要经过形式审查和实质审查2个阶段。一个授权的发明专利原则上要求满足《专利法》所规定的"三性",即新颖性、实用性和创造性。可见,专利技术从本质上说是一种创新性的智力劳动成果,所包含的技术就是该项专利的核心价值;专利的技术价值是技术创造的一种收益,专利技术收益的高低取决于其所包含的技术性、创造性、实用性。

② 外围环境

专利在投放市场时,其价值评估不仅应当考虑其本身的技术价值,更应当综合市场环境中的行业发展态势、市场竞争情况、政府政策支持度等外部条件。在外围环境的影响下,同一件专利会根据其处于的不同市场情况具备不同的经济价值,这也是专利价值动态性的体现。

③ 购买目的

专利转化为生产力,是企业建立竞争优势和提高生产力的关键点。不同的购买者购买专利的目的不同。例如,某些购买者购买专利是用于生产销售相关产品,而某些购买者购买专利不是用于生产销售,而是将专利作为一种投资产品。他们考虑的是购买此项专利可以为企业带来一些品牌效益,将购买专利的行为看作一种声誉投资。因此,在评估专利价值时应当区别于其他产品,不同的购买目的会导致顾客在面对同一项专利时进行价值评估的出发点不一样。在价值评估时,应当权衡不同的购买目的对专利价值产生的影响。

6.3.2　指标体系构建思路

从顾客价值理论出发,根据顾客价值理论中的驱动要素及专利购买行为的特点,将专利购买者的驱动要素设置为专利技术、外围环境、购买目的;在此基础上,结合现有的指标研究,围绕三大驱动要素选取适当的各级指标构建本书的专利价值评估指标体系。具体构建思路如图 6.6 所示。

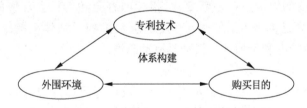

图 6.6　专利价值评估指标体系构建思路

6.3.3　指标体系构建原则

科学全面的评估指标体系是为评估专利价值提供决策支持的依据。本章指标体系的构建遵循以下原则。

(1) 客观性和科学性相结合原则

专利价值评估工作是一项严谨的科学活动,因此科学性的原则应当贯穿在价值评估中的每一环节。科学性具体表现在指标的选取应能反映出专利价值的内涵；驱动因素的划分应当将理论与实际相结合；采用古林－层次分析法科学计算指标权重，将定量和定向相结合构建指标体系。客观性体现在专利数据的处理、指标权重的设置及所得出的结论都应是客观真实的。

（2）典型与全面相结合原则

指标体系构建的主要目的是全面地反映出研究目标的特点，因此在选取指标时应当考量各个指标之间是否具有紧密的逻辑性，这是由研究目标与指标体系所决定的。专利价值评估工作本身具有模糊性，会受到多种因素共同影响，因此，专利价值评估指标体系的构建应当建立在全面覆盖和重点突出指标的基础上，选取指标时坚守典型与全面相结合的原则，要求所选指标既典型又能综合反映专利价值，体现各个影响因素各个指标之间的关联性。

（3）动态与静态相结合原则

唯物论认为"运动是绝对，静止是相对的"，专利价值评估也是一样的。关于衡量专利技术的指标部分是固定不变的，不会因时间或空间的变化而变化，如权利要求数、IPC分类号等，这类静态指标是客观存在的。随着社会经济的发展和社会环境的改变，影响专利价值的因素也在不断变化，指标内容会随着社会环境的变化与时间变迁而变化，在一定程度上也会影响评估体系的结构，因此，相应的专利价值评估活动具有动态性。

（4）定性与定量相结合原则

指标可分为定性、定量指标。定量指标可以通过直接或间接计算获得，具有直观具体的特点。量化指标的评价标准往往较为明确，可清晰客观地表明评估对象；定性指标主要是对评估内容的描述，能综合反映评估对象的特点。专利价值评估工作是一个烦琐和复杂的过程，在实际评价中应结合定量和定性指标，确保体系中既包含关键性的定性指标，又包含能综合体现专利价值的定性指标。

（5）操作性与可指导性相结合原则

专利价值指标的选取与实证研究密不可分，选取的指标不能只停留在理论层面,更要向实践层推进。这就要求在选择时要注意指标的可测性和可得性,为指标体系具有可操作性奠定基础。同时,构建的指标体系应当可以和实证相结合,为实际的专利评估工作、企业专利价值评估及挖掘专利潜在价值提供指导参考。

6.3.4　评估指标的选取

影响专利价值的因素众多,专利价值不但由本身的技术价值所决定,而且市场环境因素及不同的购买目的都会对专利价值产生影响。本书综合考虑专利的技术、法律、市场影响因素,结合顾客价值理论中驱动因素内涵将专利购买者的驱动因素分为专利技术、外围环境、购买目的 3 个维度,并在各个维度下遴选具体指标。

（1）专利技术价值指标遴选

专利技术价值是专利技术本身创造的一种收益,也是专利经济价值实现的基础。本书对专利技术价值的判断主要从技术领域宽度、权利保护范围、引用情况、发展阶段 4 个方面进行考虑。

① 技术领域宽度

一项专利的技术领域宽度可以用国际专利分类号 IPC 的数量来衡量。1971 年《斯特拉斯堡协定》建立的国际专利分类是目前国际通用的专利文献分类和专利文献检索工具。当同一项专利拥有多个 IPC 时,表明该项专利在多个领域有交叉,应用范围较广,在一定程度上说明该项专利具有更高的技术水平和应用价值[24]。本书的专利技术领域宽度主要是以说明书中的 IPC 分类来衡量专利技术领域宽度,从专利价值角度来看,专利技术领域宽度代表着专利权人采用技术手段对相关市场进行控制的能力[25]。

② 权利保护范围

a. 权利要求个数。专利价值与专利权利要求的数量呈积极的正相关关系[26]。权利要求书是说明要求专利保护范围的专利申请文件,国外学者 Lanjouw 等使用专利权利要求的项数构建专利质量指数模型[27]。一般来说,一项专利技术的法律价值可以体现在完善的专利文献的权利要求说明书中,这是因为专利的权利要求内容既是专利法律保护范围的表征,也是衡量他人是否侵权的依据。

因此,权利要求书是专利文献的核心,现有研究发现权利要求的个数不仅和法律保护有关,还影响着专利的技术创新水平。

b. 国内同族专利数。同族专利是按照《巴黎公约》在申请后12个月内或6个月内以原申请文件为基础向其他国家提交的专利申请,是对同一技术提出的所有相关专利申请所产生的专利文献。专利族既包括国际专利族也包括国内专利族。国内专利族指的是由于增补、后续、部分后续、分案申请等产生的由一个国家出版的一组专利文献,但不包括同一专利申请在不同审批阶段出版的专利文献。一般来说,专利价值与国内同族专利数呈正相关关系。

专利从申请到授权,申请人需要缴纳不菲的费用,并且在国外申请专利的成本是远高于国内的。如果专利不仅适用于申请人所在国家,也适用于其他国家,就可以从不同侧面反映出该项专利具有一定的技术价值和市场价值。通常来说,一项专利的同族专利越多,说明这项专利越重要,在该技术领域占有重要地位。本书将权利要求个数及国内同族专利数作为衡量一项专利权利保护范围的重要指标。

③ 引用情况

专利的引用情况可以分为前引和后引,如图6.7所示。专利被引就是专利前引,即专利前向引用,也称为专利引用频率,是指在专利申请获得批准后,专利被其他新专利引用为现有技术的频率。专利后引又称专利引用,是指专利引用其他专利技术的频率。

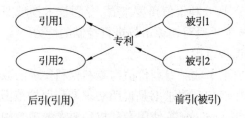

图6.7　专利引用示意图

a. 专利被引次数。文献被引是文献分析中的常用方法,体现了文献间的继承发展关系,专利被引分析则可以体现一项专利技术对相关专利技术的继承和发展情况。通过对专利引证信息的研究,可以识别技术的演进路线和发展趋势,发现技术竞争者[28]。专利被引频次现已被视作识别核心专利的一项重要指标。一般情况下,一项专利的被引频次越高,那么该项专利技术越有可能是某个技术领域中的核心技术或基础技术,也代表着这项专利影响程度高而拥有更高的价值。

b. 专利引用次数。专利技术都是在前人技术的基础上发展衍生而来的,专利引用指标包括专利参考文献、非专利参考文献、自引专利数量等。本书选择的引用指标是引用的专利参考文献,指某一专利对先前授权专利的引用。引用的专利参考文献指标在一定程度上可以反映专利技术的创新程度和先进性,这是因为专利技术是在前人研究的基础上进行创新的,因此借助权威专利技术作为专利引用的来源,可以在相关专利的基础上研发出新的专利,有助于创造价值更高的技术。

④ 发展阶段

a. 技术生命周期。生命周期是世界万物普遍存在的客观规律,技术生命周期理论是由“产品生命周期理论”引申而来的。该理论认为,产品与人的生命阶段有相同点,会经历一个从出生到死亡的过程。对产品来说,它会经历开发、引进、成长、成熟、衰退5个过程。技术生命周期分析是专利分析中常用的一种定量分析方法。人们通过对某个技术领域的专利申请量和专利申请时间、专利申请人数量与专利申请时间序列等关系进行分析,发现专利技术遵循技术萌芽期、成长期、成熟期、衰退期4个阶段周期变化。在此基础上,人们可以判断专利技术的发展状况,宏观把握行业整体发展状况,推测技术未来的发展方向。

在技术萌芽期,专利处在新发明阶段,数量较少且大多是基础性专利,只有少数企业参与技术研发,技术集中度较高。在技术成长期,市场上相关产品增多,技术分布的范围也逐渐扩大,此时,技术步入快速发展阶段,技术水平有所提高。在技术成熟期,专利数量增长速度变缓,技术创新速度也逐渐趋于平缓,整体看来,技术水平达到最高点。在技术衰退期,技术逐渐老化,专利申请数量及专利权人数量递减,该领域出现更多其他可替代技术,此时该项技术水平创新速度变缓,技术水平下降。

b. 行业发展态势。行业发展态势是指行业的产生、成长和进化过程,有其规律与脉络,可分为行业的形成期、成长期、成熟期和衰退期4个阶段。行业处于形成期时,行业的新技术、新发明产生。行业形成后,新兴技术不断涌现,实际生产规模逐步扩大,整个行业的生产力得到提升。行业进入成长期后,发展速度快、增长率高,成为热门行业,此时该行业的技术水平相对于其他行业来说较高,代表行业结构转换的新方向。行业在成长期生产能力扩张到一定阶段后,市场需求量和生产规模增加,行业规模很大,技术水平和市场供求都很稳定,行业进入成熟期,此时行业技术先进、成熟。当行业需求萎缩,生产能力过剩,产品供过于求,行业的发展速度下降,行业进入衰退期,成为夕阳产业,此时行业的技术水平在整个行业结构中处于较低水平。可见,同一发明创造在行业发展的不同阶段,其价值不同。

(2)外围环境指标遴选

① 资源投入

a. 专利权人类型。专利权人是指可以申请并取得专利权的单位和个人,专利权人可以在法定时间内享有法律所赋予的独占权,但也要承担法律所规定的义务。通常来说,专利权人有4种类型,即企业、科研机构、高校和个人,不同类型的专利权人所具有的创新水平、专利权维持费用缴纳能力是有所差别的,因此专利权人类型也是影响专利价值的重要因素。研究发现,专利权人的实力越强,所持有的专利价值相对越高[29]。从专利权人类型来看,相较于其他主体,我国企业拥有的发明专利数量及对专利权有效状态的维持能力是远超其他主体的,这也从侧面展现了我国企业具有高于其他主体的研发创新能力。

b. 发明人数量。发明人是指对专利的特性具有创造性贡献的个人,发明人的数量与专利价值正相关。首先,一项专利的发明人数量多,说明该项专利技术复杂程度高,资源投入度大,所包含的技术水平高,相应的专利价值也会增大,并且不同的发明人类型对专利价值产生的影响也不同。其次,不同的人员、机构之间合作研发一项专利,会产生一个发明人合作网络关系,该合作网络关系的实力直接体现在研发专利的技术水平上。

因此,本书用专利权人类型及专利发明人数量来衡量一项专利的资源投入程度。

② 法律状态

法律状态是指专利申请在录入文献数据库时所处的法律状态,并不是所有被申请的专利都能得到授权,专利提出申请后还要经过一系列严格的审查程序。在审查过程中也许申请人主动放弃了申请,也许被专利局驳回了申请,法律状态都会发生变化。满足"三性"——新颖性、创造性、实用性的专利,只有经过国家知识产权局的严格审查,才有可能被授权。

专利的法律价值在于其独占专有性,法律状态关乎着专利权人能否使用相关专利权,专利交易活动是否能正常进行。通常来说,专利法律状态在新产品开发、技术转让、技术价值评估中都有重要作用[30]。专利的法律状态涉及指标众多,孙浩亮认为,影响专利价值的因素可分为5类,包括风险因素和权利稳定性因素两方面[31],本书主要考虑有无专利诉讼、有无专利转让、专利权剩余有效期3个指标。

a. 有无专利诉讼。专利诉讼是指当事人和其他诉讼参与人在人民法院进行的涉及与专利权及相关权益有关的各种诉讼的总称。在专利价值与专利诉讼的关联方面,已有许多学者发现这两者之间确实具有密切的相关性[32]。专利价值越高,专利侵权的可能性就越高,当事人选择专利诉讼解决侵权问题的可能性就越高。专利诉讼的目的往往都是争夺市场,通过诉讼垄断专利的使用权、销售权和制造权,制止他人继续生产与其专利相同的产品或禁止他人使用其专利技术,从而达到垄断该项产品市场的目的。而此过程需要良好的人力、物力支撑,因此遭遇过诉讼的专利价值也较高[33]。同时,能够经过司法考验的专利,相较于一般的专利更具有专利权的稳定性,从而也就具有为专利权人创造更高价值的可能性。企业也在试图利用专利的法律特性防止竞争对手进入市场,所以从法律视角来看,专利诉讼也是评估专利价值的重要因素。

b. 有无专利转让。专利转让是拥有专利申请权的专利权人把专利申请权和专利权转让给他人的一种法律行为。专利转让行为可以让专利技术的转让双方获利;对于专利转出方而言,获得了经济报酬;对于专利权转进方而言,可以用专利建立竞争优势,扩大市场占有范围等。因此,高价值专利往往会进行专利转让等活动。

c. 专利权剩余有效期。专利权的维持需要缴纳年费。权利人若想获得法律保护,从专利授权那年开始,就必须缴纳一定的费用。如果没有按时缴纳年费,专利权将会终止,同时专利权的维持时间越长,缴纳的年费越多。从成本和收益角度来看,如果一项专利维持时间较长,专利权人一定是有收益的,否则很有可能在有效期满时就舍弃专利。学者余希田认为专利的维持时间越长,证明专利权人对该专利的预期经济价值越高,间接说明专利具有较高的价值[34]。专利权剩余有效期越长也意味着专利权人获得垄断利益的时间越长[35]。因此,专利权的剩余有效期可以作为评估专利价值的指标。

③ 市场环境

a. 政府政策支持。经济发展需要国家的宏观调控,国家的政策会影响产业的发展,不同的行业有不同的发展前景,发展前景是增长型还是停滞型,与国家的政策支持息息相关。例如,推动绿色GDP 发展理念已深入人心,在国家政策的扶持下,必将带动环保、节能产业高速发展,影响该领域的专利市场环境。在进行专利价值评估活动时,应确定待评估专利技术是否在国家或区域经济发展的支持方向上。通常来说,与国家或区域发展政策导向相适应的专利,其发展前景广阔,投放市场时会受到政策支持,容易推广和应用,收益高而快,专利价值相应增加。

b. 市场占有力度。同一项发明创造在不同的国家或地区提出申请时,或是不同的发明创造在同一国家提出申请时享有优先权,这些申请之间的专利构成同族专利,同族专利的数量简称为同族专利数。某项专利的市场占有能力可以用同族专利数来衡量,同族专利数在很大程度上反映该项专利技术的市场竞争力。这是因为一般情况下,专利的法律保护发生在专利提出申请的国家中,而在其他国家申请专利的成本是远超在本国申请的成本,专利申请人会对专利申请成本与所得收益进行权衡比较后做出申请决策。若一项专利不仅在本国提出了申请,在众多其他国家也提出了申请,说明此项专利的预期收益远高于申请的成本,反映了申请人对专利技术的重视程度,说明其专利技术水平较高,应用范围较广。

(3)购买目的指标遴选

在专利竞赛时代,专利作为一项无形资产,其价值不仅由其技术价值决定,还由对其他相关资产的价值贡献共同决定。对购买者来说,购买专利的动机也不仅仅是传统的生产销售,还包括建立声誉、开拓市场等。因此,在不同的购买目的驱动下会造成同一专利价值不同的情况,也就是说,专利价值会根据购买者的目的而变。

在顾客价值理论下,结合专利购买行为特点,本书将购买目的归纳为以下三种。

① 生产经营

专利权是国家专利机关依照《专利法》授予发明创造者或其他合法申请人对某项发明创造在法定期限内所拥有的一种专有权利。《专利法》保护专利权不受他人侵犯,即不允许以生产经营目的制造、销售、使用、许诺销售、进口其专利产品,或使用其专利方法及其使用、销售、许诺销售、进口依照该专利方法直接获得的产品[36]。由于专利权受到《专利法》的保护,购买专利就可以达到占有某项公开技术的目的,从而防止其他市场主体生产此类技术产品。

出于生产经营目的的购买者注重的是利用专利的排他性、独占性,保护企业生产经营创新活动不受他人干扰。此时购买专利行为是为了满足其最基本的生产需求,将该项专利技术用于生产,主要体现在生产销售、技术转让、产品升级。在这种专利运营过程中购买者更加注重的是专利本身的技术价值。

② 品牌效应

购买者购买某项专利技术有时不仅是为了生产相关技术产品,有时也是因为专利带来的品牌效应,此时主要强调的是顾客的期望价值。追求品牌效应的顾客在专利运营中更加重视专利除本身的技术价值外所存在的潜在价值,更多的是将专利作为一种战略性的产品,注重专利产品带来的专利品牌形象收益。这主要体现在增加专利储备、构建技术壁垒、增加产品附加值上。

a. 增加专利储备。从专利价值的实现角度来说,储备实质是面向潜在应用场景的储备。一般情况下,专利数量及专利质量可以体现企业的创新水平,代表其市场竞争能力。企业如果在某个领域拥有核心技术的专利权,那么该企业就会在该领域占有主导地位和拥有较高的话语权。鉴于此,对于企业来说,购买专利不仅仅是为了生产销售技术产品,更是为了增加专利储备。拥有较高专利储备的企业无形中也增加了无形资产的存量,意味着产品更具有技术含量,从而无论是在市场推广或广告宣传,还是在与对手博弈谈判时都具有更强的优势。

b. 构建技术壁垒。企业通过申请专利达到技术公开,通过知识产权相关制度保护重要专利技术,防止其他市场主体再就该技术申请专利,从而建立起市场优势。具体来说,企业可通过垄断该项产品的销售市场,成为该项产品的独家代表,从而获得高额收益回报。

c. 增加产品附加值。若某个企业拥有大量的同类专利技术或拥有某个领域的核心技术,可以隐性增加产品的附加值。一般来说,拥有大量知识产权的企业,其产品技术含量较高。企业可将专利技术作为产品卖点,从而提高产品档次,吸引消费者。

③ 长短期投资

出于投资目的的专利购买行为看重的是专利提供的超越预期

的潜在价值。对于企业来说,可以将购买专利的行为看作一种长短期的投资,出于这种购买目的时,购买专利不仅仅是出于对专利技术现阶段的需求,还是看重专利在不同的政策导向、不同的社会发展中所带来的长远市场效益、社会效益和经济效益。这主要体现在获得政策扶持、获得专利许可费用、专利质押融资上。

a. 获得政策扶持。对企业来说,专利所具有的技术水平和创新程度,在进行资质申报、立项、申请高新技术企业时均代表着企业实力,拥有众多专利的企业容易得到顾客的信任支持,成为国家政策重点扶持的对象。根据我国《高新技术企业认定管理工作指引》和《国家重点支持的高新技术领域》规定,高新技术企业评审是实行打分制的,其中核心自主知识产权是首要目标,所占分值高达30 分,一个发明专利或其他 6 个知识产权(比如 6 项实用新型)可以获得 30 分,而企业只有总分 70 分以上(不含 70 分)才算达标[37]。所以,企业拥有的专利数量是衡量企业是否具有申报高新技术企业资格的重要标准。

b. 获得专利许可费。在不进行专利权转让的情况下,企业可以通过许可他人实施自己的专利,向被许可对象收取一定的许可实施费用。通过专利许可费用获利是绝大多数专利优势企业的投资行为,美国高通公司就是典型代表。该公司在移动通信领域拥有绝大多数核心专利,其他手机生产商都要向高通公司缴纳专利许可费。

c. 专利质押融资。专利权可以进行资本转化,所以专利质押融资成了一种新型的融资方式,即企业将经评估后合法的专利权作为质押物,向银行提出融资申请。企业可以根据自身情况,制定专利权的经营战略,加大资金的盘活,使其变为无形资产来促进企业的科技创新发展。

通过以上分析,基于顾客价值理论所构建的专利价值评估指标体系如图 6.8 所示。

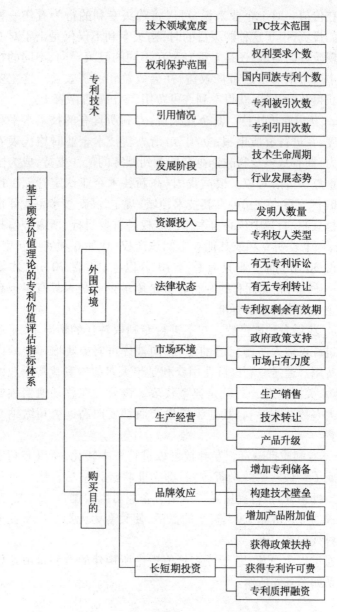

图 6.8　基于顾客价值理论的专利价值评估指标体系

6.4　指标权重设置

现有研究关于指标权重的确定方法主要可以分为以专家经验和主观判断为主的主观赋权法,以及以数学方法为主的客观赋权法。常见的主观赋权法一般包括专家咨询和层次分析法,常见的客观赋权法包括主成分分析和熵值法等。本书选取的指标既有定性描述性指标,又包括可量化处理的定量指标,因此采用古林 – 层次分析法进行权重计算。

古林 – 层次法是在原有层次分析法(AHP)的基础上,在判断矩阵的构造过程中采用古林法构建,然后利用古林法分析各级指标权重,再采用 AHP 的一致性检验验证矩阵是否通过一致性。计算思路如图 6.9 所示。

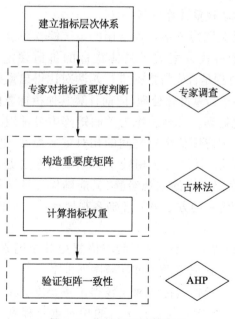

图 6.9　指标权重计算思路

采用专家调查法对各级指标的重要度进行比较打分:为了使结果具有准确性、科学性,分别邀请了来自高校从事专利情报分析的学者 3 人、具有专利代理人资格的学者 4 人、从事专利信息服务及专利转化工作的专家 3 人,组成在专利行业领域内具有代表性且具有权威性的 10 人专家组,发放《基于顾客价值理论的专利价值评估指标体系权重调查问卷》(见附录 6A),并对问卷进行回收、反馈后进行整理分析,主要目的是通过问卷得出各项指标的重要度,为权重计算奠定基础,确保调查问卷的结果可靠。

通过将关联矩阵中古林法和层次分析法相结合,构建指标判断矩阵,计算出指标体系中各级指标权重,并对指标权重的一致性进行检验,将定性的专家意见转化为定量的指标权重;分析模糊综合评价法的适用性,在实证部分将采用模糊综合评价法进行专利价值综合计算。

(1)古林法权重计算思路

古林法是关联矩阵中一种常用的系统综合评价法,用矩阵形式来表示每个替代方案关于具体指标的价值评定量之间的关系[38]。具体过程是首先将指标进行两两对比得出重要度数值,再对重要度数值进行基准化处理,向前计算其他指标数值,最后对数值进行归一化处理。古林法作为关联矩阵中最常用的一种,其特点在于可以确定待评估指标之间的相对重要程度,进而可以计算指标具体权重值,计算方法相较于其他赋权方法更为科学合理。该方法既能保留专家的主观经验,又能确保计算结果的客观性。采用主客观相统一的方法更能准确客观地评估专利价值[39],具体步骤如下。

步骤一:设置 n 个评估指标,将因素层某个因素的所有指标 $\{a_i\}$,$i=1,2,\cdots,n$,按照重要度递减序列排序。

步骤二:排序后,指标两两比较得出重要度关系,并用数值定量表示。例如,指标 a_j 与指标 a_{j-1} 的相对重要程度可以用 W_j 与 W_{j-1} 表示,则指标的重要度 R_j 通过下式计算而得:

$$W_j = R_j \times W_{j+1}, \ j = 1, 2, \cdots, n - 1 \tag{6.1}$$

步骤三：基准化处理 R_j 后得到 K_j。设定最后一个指标 $K_n = 1$ 为基准，反向逆归计算其他指标的数值，即

$$\begin{cases} K_{j-1} = R_{j-1} \times K_j \\ K_n = 1 \end{cases}, \ j = 1, 2, \cdots, n \tag{6.2}$$

步骤四：将计算出的所有 $K_j (j = 1, 2, \cdots, n)$ 求和进行归一化处理，得出各指标权重，即

$$W_j = \frac{K_j}{\displaystyle\sum_{j=1}^{n} K_j}, \ j = 1, 2, \cdots, n \tag{6.3}$$

（2）构造判断矩阵及权重设置

运用古林法计算权重的关键是根据建立的指标体系层层构造判断矩阵进行单层次计算，即按照指标体系对每一层中的元素自上而下进行两两比较，由相关专家进行分析判断并用数值表示其重要度，令其最后一项指标为 1 并作为基准值，使用九分位的相对比例标度进行重要度评判（见表 6.1）。计算结果如表 6.2 ~ 表6.15 所示。

表 6.1　评分标准具体判断标度

标度	含义
1	表示两元素相比，具有同等重要性
3	表示两元素相比，前者比后者稍重要
5	表示两元素相比，前者比后者明显重要
7	表示两元素相比，前者比后者强烈重要
9	表示两元素相比，前者比后者极端重要
2,4,6,8	表示上述相邻判断的中间值

① 一级指标权重计算

表 6.2　专利价值一级指标（W）关联矩阵

序号	评价指标	R_j	K_j	W
1	专利技术	3	3	0.6
2	外围环境	1	1	0.2
3	购买目的	—	1	0.2
合计			5	1

② 二级指标权重计算

表 6.3　专利技术二级指标（W_1）关联矩阵

序号	评价指标	R_j	K_j	W_1
1	技术领域宽度	3/2	2	0.24
2	权利保护范围	1/3	4/3	0.16
3	引用情况	4	4	0.48
4	发展阶段	—	1	0.12
合计			25/3	1

表 6.4　外围环境二级指标（W_2）关联矩阵

序号	评价指标	R_j	K_j	W_2
1	资源投入	2/5	15/2	0.652
2	市场环境	3	3	0.261
3	法律状态	—	1	0.087
合计			23/2	1

表 6.5　购买目的二级指标（W_3）关联矩阵

序号	评价指标	R_j	K_j	W_3
1	生产经营	5	5/3	0.556
2	品牌效应	1/3	1/3	0.111
3	长短期投资	—	1	0.333
合计			3	1

③ 三级指标权重计算

表 6.6　专利技术三级指标(W_{11})关联矩阵

序号	评价指标	R_j	K_j	W_{11}
1	IPC 技术范围	1	1	1
合计			1	

表 6.7　专利技术三级指标(W_{12})关联矩阵

序号	评价指标	R_j	K_j	W_{12}
1	权利要求个数	2/9	2/9	0.182
2	国内同族专利数	—	1	0.818
合计			11/9	1

表 6.8　专利技术三级指标(W_{13})关联矩阵

序号	评价指标	R_j	K_j	W_{13}
1	专利被引次数	3/2	3/2	0.6
2	专利引用次数	—	1	0.4
合计			5/2	1

表 6.9　专利技术三级指标(W_{14})关联矩阵

序号	评价指标	R_j	K_j	W_{14}
1	技术生命周期	2/3	2/3	0.4
2	行业发展态势	—	1	0.6
合计			5/3	1

表 6.10　外围环境三级指标(W_{21})关联矩阵

序号	评价指标	R_j	K_j	W_{21}
1	专利权人类型	2	2	0.667
2	发明人数量	—	1	0.333
合计			3	1

表 6.11 外围环境三级指标(W_{22})关联矩阵

序号	评价指标	R_j	K_j	W_{22}
1	有无专利诉讼	5/2	15/2	0.653
2	有无专利转让	3	3	0.260
3	专利权剩余有效期	—	1	0.087
合计			23/2	1

表 6.12 外围环境三级指标(W_{23})关联矩阵

序号	评价指标	R_j	K_j	W_{23}
1	政府政策支持	2/7	2/7	0.222
2	市场占有力度	—	1	0.777
合计			9/7	1

表 6.13 购买目的三级指标(W_{31})关联矩阵

序号	评价指标	R_j	K_j	W_{31}
1	生产销售	9/7	45/49	0.349
2	技术转让	5/7	5/7	0.271
3	产品升级	—	1	0.380
合计			129/49	1

表 6.14 购买目的三级指标(W_{32})关联矩阵

序号	评价指标	R_j	K_j	W_{32}
1	增加专利储备	2/3	5/3	0.323
2	构建技术壁垒	5/2	5/2	0.484
3	增加产品附加值	—	1	0.194
合计			31/6	1

表 6.15　购买目的三级指标(W_{33})关联矩阵

序号	评价指标	R_j	K_j	W_{33}
1	获得政策扶持	9/2	45/16	0.634
2	获得专利许可费	5/8	5/8	0.141
3	专利质押融资	—	1	0.225
合计			71/16	1

6.5　一致性检验

由于问题复杂和人们主观认识差异可能会导致出现判断矩阵不一致的问题,影响评价结果的准确性,因而需对判断矩阵进行一致性检验。现使用古林法计算得到的权重,设置各级指标的判断矩阵,并对构建的判断矩阵进行一致性检验,确保指标权重的科学性。

判断矩阵是由专家对各因素层层分析对比而得的。由于客观世界的复杂性和人们认识问题的多样性,在进行比较时就有可能出现一些违反逻辑的判断,出现次序不一致的判断或者基本不一致的判断。例如,如果判断 a 比 b 重要 2 倍,b 比 c 重要 4 倍,当 a 与 c 再进行比较时认为 a 比 c 重要 6 倍(应该是 a 比 c 重要 8 倍)。这种存在矛盾的判断出现会导致矩阵不完全一致。层次分析法允许不完全一致现象,但要求判断矩阵具有大体的一致性,所以在此情况下需要进行一致性检验。

6.5.1　一致性检验过程

一致性检验主要涉及最大特征根值及相应权向量计算。本书引用一致性比率指标(CR)来确定矩阵是否通过一致性检验,$CR = \dfrac{CI}{RI}$,RI 为平均随机一致性指标,取值如表 6.16 所示,CI 和 λ_{max} 的计算公式如下:

$$CI = \frac{\lambda_{max} - n}{n - 1} \tag{6.4}$$

$$\lambda_{\max} = \sum_{i=1}^{n} \frac{(Aw)_i}{nw_i} \tag{6.5}$$

表 6.16　平均随机一致性指标(RI)的取值

n	1	2	3	4	5	6	7	8	9	10
RI	0	0	0.58	0.90	1.12	1.24	1.32	1.41	1.45	1.49

一致性检验过程如图6.10所示。当 $CR=0$ 时,认为判断矩阵完全一致;当 $CR<0.1$ 时,认为矩阵具有满意一致性;当 $CR>0.1$ 时,认为矩阵不具有一致性,需要对判断矩阵进行诱导调整并重新计算 CR 值,直到通过一致性检验为止[40]。

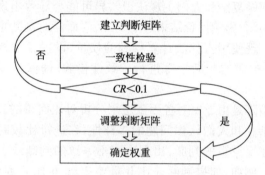

图 6.10　一致性检验过程

根据古林法重要度矩阵,设置判断矩阵如表6.17～表6.29所示。

表 6.17　一级指标判断矩阵

指标	专利技术	外围环境	购买目的
专利技术	1	3	3
外围环境	1/3	1	1
购买目的	1/3	1	1

经计算可得权重向量为 $W=(0.6,0.2,0.2)$,$\lambda_{\max} = \sum_{i=1}^{n} \frac{(Aw)_i}{nw_i} = 3$,

$CI = 0, CR = \dfrac{CI}{RI} = 0 < 0.1$，矩阵具有满意的一致性。

表 6.18　专利技术二级指标判断矩阵 W_1

指标	技术领域宽度	权利保护范围	引用情况	发展阶段
技术领域宽度	1	3/2	1/2	2
权利保护范围	3/2	1	1/3	4/3
引用情况	2	3	1	2
发展阶段	1/2	3/4	1/2	1

经计算可得权重向量为 $W_1 = (0.24, 0.16, 0.48, 0.12)$，$\lambda_{\max} = \sum\limits_{i=1}^{n} \dfrac{(Aw)_i}{nw_i} = 4$，$CI = 0, CR = \dfrac{CI}{RI} = 0 < 0.1$，矩阵具有满意的一致性。

表 6.19　外围环境二级指标判断矩阵 W_2

指标	资源投入	市场环境	法律状态
资源投入	1	5/2	15/2
市场环境	2/5	1	3
法律状态	2/15	1/3	1

经计算可得权重向量为 $W_2 = (0.652, 0.261, 0.087)$，$\lambda_{\max} = \sum\limits_{i=1}^{n} \dfrac{(Aw)_i}{nw_i} = 3.013$，$CI = 0.0065, CR = \dfrac{CI}{RI} = 0.011 < 0.1$，矩阵具有满意的一致性。

表 6.20　购买目的二级指标判断矩阵 W_3

指标	生产经营	品牌效应	长短期投资
生产经营	1	5	5/3
品牌效应	1/5	1	1/3
长短期投资	3/5	3	1

经计算可得权重向量为 $W_3 = (0.556, 0.111, 0.333)$，$\lambda_{max} =$

$\sum\limits_{i=1}^{n} \dfrac{(Aw)_i}{nw_i} = 3$，$CI = 0$，$CR = \dfrac{CI}{RI} = 0 < 0.1$，矩阵具有满意的一致性。

表 6.21　专利技术三级指标判断矩阵 W_{12}

指标	权利要求个数	国内同族专利数
权利要求个数	1	2/9
国内同族专利数	9/2	1

经计算可得权重向量为 $W_{12} = (0.182, 0.818)$，$\lambda_{max} = \sum\limits_{i=1}^{n} \dfrac{(Aw)_i}{nw_i} = 0$，

$CI = 0$，$CR = \dfrac{CI}{RI} = 0 < 0.1$，矩阵具有满意的一致性。

表 6.22　专利技术三级指标判断矩阵 W_{13}

指标	专利被引次数	专利引用次数
专利被引次数	1	3/2
专利引用次数	2/3	1

经计算可得权重向量为 $W_{13} = (0.6, 0.4)$，$\lambda_{max} = \sum\limits_{i=1}^{n} \dfrac{(Aw)_i}{nw_i} = 0$，

$CI = 0$，$CR = \dfrac{CI}{RI} = 0 < 0.1$，矩阵具有满意的一致性。

表 6.23　专利技术三级指标判断矩阵 W_{14}

指标	技术生命周期	行业发展阶段
技术生命周期	1	2/3
行业发展阶段	3/2	1

经计算可得权重向量为 $W_{14} = (0.4, 0.6)$，$\lambda_{max} = \sum\limits_{i=1}^{n} \dfrac{(Aw)_i}{nw_i} = 0$，

$CI = 0$，$CR = \dfrac{CI}{RI} = 0 < 0.1$，矩阵具有满意的一致性。

表 6.24　外围环境三级指标判断矩阵 W_{21}

指标	专利权人类型	发明人数量
专利权人类型	1	2
发明人数量	1/2	1

经计算可得权重向量为 $W_{21} = (0.667, 0.333)$，$\lambda_{max} = \sum_{i=1}^{n} \dfrac{(Aw)_i}{nw_i} =$ 2.001，$CI = 0.001$，$CR = \dfrac{CI}{RI} \approx 0 < 0.1$，具有满意的一致性。

表 6.25　外围环境三级指标判断矩阵 W_{22}

指标	有无专利诉讼	有无专利转让	专利权剩余有效期
有无专利诉讼	1	5/2	15/2
有无专利转让	2/5	1	3
专利权剩余有效期	2/15	1/3	1

经计算可得权重向量为 $W_{22} = (0.653, 0.260, 0.087)$，$\lambda_{max} = \sum_{i=1}^{n} \dfrac{(Aw)_i}{nw_i} = 3.001$，$CI = 0.0005$，$CR = \dfrac{CI}{RI} = 0.0009 < 0.1$，矩阵具有满意的一致性。

表 6.26　外围环境三级指标判断矩阵 W_{23}

指标	政策支持力度	市场占有力度
政府政策支持	1	2/7
市场占有力度	7/2	1

经计算可得权重向量为 $W_{23} = (0.222, 0.777)$，$\lambda_{max} = \sum_{i=1}^{n} \dfrac{(Aw)_i}{nw_i} = 2$，$CI = 0$，$CR = \dfrac{CI}{RI} = 0 < 0.1$，矩阵具有满意的一致性。

表 6.27　购买目的三级指标判断矩阵 W_{31}

指标	生产销售	技术转让	产品升级
生产销售	1	9/7	45/49
技术转让	7/9	1	5/7
产品升级	49/45	7/5	1

经计算可得权重向量为 $W_{31} = (0.349, 0.271, 0.380)$，$\lambda_{max} = \sum_{i=1}^{n} \frac{(Aw)_i}{nw_i} = 3.001$，$CI = 0.0005$，$CR = \frac{CI}{RI} = 0.0009 < 0.1$，矩阵具有满意的一致性。

表 6.28　购买目的三级指标判断矩阵 W_{32}

指标	增加专利储备	构成技术壁垒	增加产品附加值
增加专利储备	1	2/3	5/3
构建技术壁垒	3/2	1	5/2
增加产品附加值	3/5	2/5	1

经计算可得权重向量为 $W_{32} = (0.323, 0.484, 0.194)$，$\lambda_{max} = \sum_{i=1}^{n} \frac{(Aw)_i}{nw_i} = 3.001$，$CI = 0.001$，$CR = \frac{CI}{RI} = 0.002 < 0.1$，矩阵具有满意的一致性。

表 6.29　购买目的三级指标判断矩阵 W_{33}

指标	获得政策扶持	获得专利许可费	专利质押融资
获得政策扶持	1	9/2	45/16
获得专利许可费	2/9	1	5/8
专利质押融资	16/45	8/5	1

经计算可得权重向量为 $W_{33} = (0.634, 0.141, 0.225)$，$\lambda_{max} = \sum_{i=1}^{n} \frac{(Aw)_i}{nw_i} = 3.003$，$CI = 0.002$，$CR = \frac{CI}{RI} = 0.003 < 0.1$，矩阵具有满

意的一致性。

6.5.2　计算结果层次总排序

检验结果保证了矩阵具有一致性,验证权重计算合理,并得出指标单层权重排序结果。进一步将各矩阵对应的权重向量设置为如下向量矩阵。

$$W = \begin{pmatrix} 0.6 \\ 0.2 \\ 0.2 \end{pmatrix},$$

$$W_1 = \begin{pmatrix} 0.24 \\ 0.16 \\ 0.48 \\ 0.12 \end{pmatrix}, W_2 = \begin{pmatrix} 0.652 \\ 0.261 \\ 0.087 \end{pmatrix}, W_3 = \begin{pmatrix} 0.556 \\ 0.111 \\ 0.333 \end{pmatrix},$$

$$W_{11} = (1), W_{12} = \begin{pmatrix} 0.182 \\ 0.818 \end{pmatrix}, W_{13} = \begin{pmatrix} 0.6 \\ 0.4 \end{pmatrix}, W_{14} = \begin{pmatrix} 0.4 \\ 0.6 \end{pmatrix},$$

$$W_{21} = \begin{pmatrix} 0.667 \\ 0.333 \end{pmatrix}, W_{22} = \begin{pmatrix} 0.653 \\ 0.260 \\ 0.087 \end{pmatrix}, W_{23} = \begin{pmatrix} 0.222 \\ 0.777 \end{pmatrix},$$

$$W_{31} = \begin{pmatrix} 0.349 \\ 0.271 \\ 0.380 \end{pmatrix}, W_{32} = \begin{pmatrix} 0.323 \\ 0.484 \\ 0.194 \end{pmatrix}, W_{33} = \begin{pmatrix} 0.634 \\ 0.141 \\ 0.225 \end{pmatrix}.$$

在计算出各矩阵对应的单层权重向量的条件下,依次计算某一层次所有因素对于目标层相对重要性的权值,即计算单层因素对总目标的影响程度,从一级指标到三级指标依次进行。

一级指标(第二层)对目标层的权重向量为

$$W = \begin{pmatrix} 0.6 \\ 0.2 \\ 0.2 \end{pmatrix}$$

二级指标(第三层)对目标层的权重向量为

$$W_0' = \begin{pmatrix} 0.6 \times \boldsymbol{W}_1 \\ 0.2 \times \boldsymbol{W}_2 \\ 0.2 \times \boldsymbol{W}_3 \end{pmatrix} = \begin{pmatrix} 0.144 \\ 0.096 \\ 0.288 \\ 0.072 \\ 0.130 \\ 0.052 \\ 0.017 \\ 0.111 \\ 0.022 \\ 0.067 \end{pmatrix}$$

$$W_0'' = \begin{pmatrix} 0.144 \times \boldsymbol{W}_{11} \\ 0.096 \times \boldsymbol{W}_{12} \\ 0.288 \times \boldsymbol{W}_{13} \\ 0.072 \times \boldsymbol{W}_{14} \\ 0.130 \times \boldsymbol{W}_{21} \\ 0.052 \times \boldsymbol{W}_{22} \\ 0.017 \times \boldsymbol{W}_{23} \\ 0.111 \times \boldsymbol{W}_{31} \\ 0.022 \times \boldsymbol{W}_{32} \\ 0.067 \times \boldsymbol{W}_{33} \end{pmatrix}$$

$= (0.144 \quad 0.017 \quad 0.079 \quad 0.173 \quad 0.115 \quad 0.023 \quad 0.043$
$0.087 \quad 0.043 \quad 0.034 \quad 0.014 \quad 0.005 \quad 0.004 \quad 0.013 \quad 0.039$
$0.030 \quad 0.042 \quad 0.007 \quad 0.011 \quad 0.004 \quad 0.042 \quad 0.009 \quad 0.015)$

综上,得各指标对专利价值的权重如表 6.30 所示。

表 6.30　专利价值评估指标体系权重值

目标层	一级指标	权重	二级指标	权重	三级指标	权重
基于顾客价值理论的专利价值评估指标体系	专利技术	0.6	技术领域宽度	0.144	IPC 技术范围	0.144
			权利保护范围	0.096	权利要求个数	0.017
					国内同族专利数	0.079
			引用情况	0.288	专利被引次数	0.173
					专利引用次数	0.115
			发展阶段	0.072	技术生命周期	0.029
					行业发展态势	0.043
	外围环境	0.2	资源投入	0.130	专利权人类型	0.087
					发明人数量	0.043
			法律状态	0.052	有无专利诉讼	0.034
					有无专利转让	0.014
					专利权剩余有效期	0.005
			市场环境	0.017	政府政策支持	0.004
					市场占有力度	0.013
	购买目的	0.2	生产经营	0.111	生产销售	0.039
					技术转让	0.030
					产品升级	0.042
			品牌效应	0.022	增加专利储备	0.007
					构建技术壁垒	0.011
					增加产品附加值	0.004
			长短期投资	0.067	获得政策扶持	0.042
					获得专利许可费	0.009
					专利质押融资	0.015

古林－层次分析法计算结果表明,专利技术本身在很大程度上影响着专利价值,集中反映在专利的技术领域宽度和专利的引用情况上。这进一步验证了专利作为一件商品,其价值取决于自身的使用价值,在日益激烈的市场竞争和日新月异的技术更迭中,高价值专利的认定主要是对其技术含量的认定。基于顾客价值的专利价值评估的着眼点与以往的专利价值评估出发点不同,因此处于不同的外围环境,对于不同的购买目的,同一指标的重要性存在明显差异,这在指标的权重值中得到充分证明。

一级指标专利技术、外围环境、购买目的的权重分配分别是0.6,0.2,0.2,其中专利技术权重最高,外围环境和购买目的其次,进一步证实了专利使用价值是专利价值的基础。外围环境权重较小,因为外围环境会影响专利的整体技术价值和市场环境,相较于其技术本身,外围环境的影响并不明显。而购买者不同的购买目的对专利价值也会产生不同的影响,但并不妨碍专利所包含的技术本身的价值。

二级指标中,技术领域宽度、引用情况、资源投入3个指标权重较大。技术领域宽度代表了专利的应用范围,专利技术覆盖的IPC分类范围越大,某种程度上代表该项专利的应用领域越广,技术价值也相对越高。关于专利引用类指标,国内外已有大量文献论证,一项高被引的专利可能是某一领域的基础性技术或核心技术,其价值往往较高。专利的资源投入情况与专利的价值紧密相关,若一项专利的资源投入多,则代表其受重视程度高、价值空间大;同样,良好的资源配置也会使专利价值得到提高。

三级指标是二级指标的细化和具体体现,将二级指标分解为更细化的数据信息。其中权重较大的是IPC技术范围、专利被引次数、专利引用次数、国内同族专利数等。IPC技术范围从横向范围表征了专利价值大小,专利被引次数从空间维度衡量了专利价值,专利引用次数体现了专利技术的继承发展性,国内同族专利数表征了专利的市场占有力度。专利呈现的不同法律状态也会影响购买者对专利的价值评估。经过专利诉讼和专利转让的专利的价值在某种程度上似乎更大。专利的购买目的中,购买者更看重专利的技术价值,将专利用于产品销售、产品升级等生产目的会隐性增加购买者对专利价值的评估。

6.5.3　专利价值评估计算

基于顾客价值理论的专利价值评估指标体系包含定量指标和定性指标。在实际计算过程中,需要将定性指标进行量化处理,但由于专利价值评估的模糊性,在某些方面难以量化。本书将借鉴模糊综合评价法来对专利价值进行综合评估。

模糊综合评价法是借助模糊数学的概念,利用数学手段处理模糊的评估对象的一种整体性评估方法。原则是将边界不清、难以量化处理的因素定量化处理后进行综合评价。基本思想是用"属于程度"概念代替"属于"或"不属于"概念。基本原理是对评价对象或指标划分集合评价集,再确定权重及因素隶属度矢量,获得模糊评判矩阵;然后合成矩阵与因素权重进行模糊计算,得到模糊评价结果,从而达到对受多因素影响的事物做出全面评价的目的。特点是评估所得结果不是绝对的有无判断,而是以中和的模糊程度概念来表示[41]。该评价方法能对信息呈现模糊性的对象做出较为科学合理且贴近实际的量化评价。本处选用该方法可以很好地解决专利价值评估中的模糊性问题,并且具备可操作性。

（1）模糊综合评价法适用性分析

模糊综合评价法既跟传统的指标分析法有所区别,又有别于一般的专家打分法[42]。模糊综合评价法是应用模糊关系合成的特点,将多指标信息对评价对象隶属等级状况进行综合性评估的方法。将待评估对象变化区间做出划分,对待估对象属于各个等级的程度做出分析,使得对待估对象的描述更加客观。

专利价值的影响因素众多并且各个影响因素差异性较大,同时对专利价值评估所需要研究的变量关系也较多且繁杂,其中部分因素有既定的规律可循,也有无法确定的变化规律,导致价值评估工作既有精确的一面,又有模糊的一面。各因素对专利价值的影响程度往往不是绝对的"有""无"或"非此即彼"的关系,而应用

"强"或"弱"程度来衡量。这种没有绝对的肯定或否定关系就是各因素对价值的模糊关系。专利价值评估指标体系中引入的指标对于某件专利指定的指标值所代表的性质,符合模糊数学的定义。在专利价值评估中,不同领域对指标标准的衡量和划分都是不一致的,在某种程度上可以说专利价值的各级指标及各级指标自身的评价都是模糊现象,因此,将模糊数学理论引入专利价值评估中具有良好的适用性和可行性[43]。

(2)模糊综合评价法计算思路

本书运用模糊综合评价法的基本思路如图 6.11 所示。

图 6.11　模糊综合评价法计算思路

(3)模糊综合评价法计算过程

步骤一:确定评级指标和评价等级。模糊综合评价是在建立适宜的指标体系基础上展开的,指标的选择是否恰当将直接关系到整个评价过程的客观性。

设置指标集合 $U = \{U_1, U_2, \cdots, U_n\}$。

步骤二:设置综合评判的评价集。评价集是确定指标隶属等级的评价标准。本书设置 $V = \{V_1, V_2, \cdots, V_n\}$,并划分层次为强、较强、一般、较弱、弱五个层次。

步骤三:确定指标权重集,选取前面使用古林－层次分析法得出的权重向量,设置 $W = \{W_1, W_2, \cdots, W_n\}$。

步骤四:进行单因素模糊评判,构建模糊矩阵,建立适合的模糊集隶属函数。

步骤五:建立综合评价模型 $B = WR$,其中 B 为综合评判向量,W 为权重向量,R 为评价矩阵。

6.6　基于顾客价值理论的评估指标体系实证分析

在提出的专利价值评估指标体系的基础上,选取农机装备中的播种机、插秧机、施肥机、移栽机、耕整机 5 种农机装备领域中共 10 条专利信息作为实例分析样本集。通过对各个样本专利价值进行模糊综合计算,并将计算结果与受邀专家对样本专利打分结果做对比分析,对样本集合进行了实例验证,分析模糊综合评价法计算专利价值的具体结果。进一步根据实证结果,从专利卖方和专利买方两方面提出专利价值评估优化建议,将顾客价值理论引入专利价值评估实践。最后,基于专利价值评估的参与主体、基本环节、实施步骤环节提出基于专利价值评估指标体系的一般流程,以期为专利购买者提供决策参考。

本章具体实证过程如图 6.12 所示。

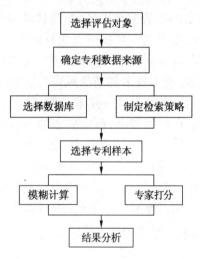

图 6.12　专利价值评估实证过程

6.6.1　评估领域的选取

在全球化经济时代,各行各业在谋求自身可持续发展的同时,为了在市场占有立足之地,都不约而同地将自主创新能力作为保持竞争力的核心武器。我国是农业大国,农业是我国国民经济的基础。在我国工业化、城市化、现代化建设进程中,传统的手工业已不能跟随经济发展的脚步,不能满足农业生产要求,而国民经济的增长为各行各业的发展转型奠定了良好的基础,农业生产行业也不例外。"工欲善其事,必先利其器。"对农业生产来说,农业生产用具问题不仅是生产的最基本问题,还关乎着农业生产效率的提高,与农村经济向现代化经济转型升级等问题息息相关。究其根本,原因在于农机装备的技术含量直接影响着相关农业生产能力。从相关企业角度来说,农业装备与其他技术产品一样,其中的技术含量与创新程度也反映该企业的生产水平,制约着企业的发展节奏。

从 2004 年我国颁布实施的《中华人民共和国农业机械化促进法》到《中国制造 2025》,都明确提出要大力推动农机装备等十大重点领域突破发展,可见党和政府对农机装备升级的高度重视,使得农机装备技术成为领域竞争的至高点。

专利作为技术创新的劳动成果,专利数量和专利质量是衡量行业创新能力的重要因素。在我国农业科研事业发展的同时,农机装备科技成果也以专利的形式表现出来,农业机械领域的专利申请数量不断增多,成为技术创新的风向标。相关企业形成了技术创新—申请专利—运营专利—技术升级这样的良性循环,获得了市场竞争优势。在此背景下,研究农业装备领域的专利价值不仅有利于减轻劳动强度、提高生产效率,更有助于加快我国工业化和城市化进程,对建立农业绿色循环经济、保障农业经济持续稳定发展有着重大作用,同时剖析该领域相关专利价值对制定促进农机装备水平发展的相关政策具有重要的指导意义。

6.6.2 实证样本数据的技术领域遴选

（1）检索范围

选择农机装备中的播种机、施肥机、插秧机、移栽机、耕整机 5 个具有代表性的技术装备进行实证分析,采用德温特专利数据库对世界范围内的这 5 个技术装备的专利进行检索,检索内容为近 20 年内的专利文献,公开日期为 1998 年 1 月 1 日—2017 年 12 月 31 日。

（2）检索策略

采用国际专利分类法确定不同技术领域的分类,检索策略采用"IPC + 关键词"的检索方式,其中农业机械专利主要集中在表6. 31 的 IPC 分类号中。

表6.31 农业机械领域 IPC 分类号及其含义

分类号 （IPC 小类）	含义
A	农业
A01	农业;林业;畜牧业;狩猎;诱捕;捕鱼
A01B	农业或林业的整地;一般农业机械或农具的部件、零件或附件
A01C	种植;播种;施肥
A01D	收获;割草
A01F	脱粒
A01G	园艺;蔬菜、花卉、稻、果树、葡萄、啤酒花或海菜的栽培;林业;浇水
A01H	新植物或获得新植物的方法;通过组织培养技术的植物再生
A01J	乳制品的加工
A01K	畜牧业;禽类、鱼类、昆虫的管理;捕鱼;饲养或养殖其他类不包含的动物;动物的新品种
A01P	化学化合物或制剂的杀生、害虫驱避、害虫引诱或植物生长调节活性

经专利分析师与五大农业领域专家协商咨询后,反复修改检索式,最后调整确定检索式如表 6. 32 所示。

表6.32 5 种农业装备专利检索结果

专利领域	检索策略	专利/件
播种机	IC =（A01C0007 OR A01C000104 OR A01B004904 OR A01B004906 OR A01C0005）AND ABD =（seed OR plant OR sow）AND DP > =（19970101）AND DP < =（20171231）	13 966

续表

专利领域	检索策略	专利/件
施肥机	(IC = (A01C000306) OR IC = (A01C0015)) OR (IC = (A01C0017) OR IC = (A01C0019)) AND ABD = (fertiliz*) AND DP >= (19970101) AND DP <= (20171231)	2 894
移栽机	((IC = (A01C0011)) NOT ALLD = (Paddy or wet or rice) NOT IC = (A61 OR B63 OR A01C0007 OR C02 OR C12 OR C13 OR A01M OR A01N OR B01D) AND DP >= (19970101) AND DP <= (20171231)) NOT ((SSTO = ("田植機")))	8 933
插秧机	IC = (A01C0011) AND ALLD = (Paddy or wet or rice) AND DP >= (19970101) AND DP <= (20171231)	6 856
耕整机	(IC = (A01B0003) OR IC = (A01B0005) OR IC = (A01B0007) OR IC = (A01B0009) OR IC = (A01B0011) OR IC = (A01B0013) OR IC = (A01B0015) OR IC = (A01B0017) OR IC = (A01B0019) OR IC = (A01B0021) OR IC = (A01B0023) OR IC = (A01B0025) OR IC = (A01B0027) OR IC = (A01B0029) OR IC = (A01B0033) OR IC = (A01B0035) OR IC = (A01B0037) OR IC = (A01B0039) OR IC = (A01B0043) OR IC = (A01B0045) OR IC = (A01B0047) OR IC = (A01B0049) OR IC = (A01B0076) OR IC = (A01B0077)) AND (ABD = (plough) OR ABD = (till) OR ABD = (soil prepar*) OR ABD = (soil site)) AND DP >= (19970101) AND DP <= (20171231)	14 827

在各项检索结果中选择 10 条专利数据作为实证对象。

6.6.3 样本专利的选取

从播种机、施肥机、插秧机、移栽机、耕整机 5 种农机装备中各选取 2 项专利,样本专利遴选结果如表 6.33 所示。

表6.33 农机装备专利样本

序号	公开号	专利权人	公开时间
专利1	US20030159633A1	UNIVERSITY OF CALIFORNIA	2003 – 08 – 28
专利2	US6474500B1	GARY W CLEM INC	2002 – 11 – 05
专利3	CN102239764A	Zhejiang Sci-Tech University	2011 – 11 – 16
专利4	CN1253712A	LIN De-fang	2000 – 05 – 24
专利5	FR2801168A1	REGERO SA	2001 – 05 – 25
专利6	US6212821B1	ADAM KIERAN L	2001 – 04 – 10
专利7	US6609468B1	DEERE & CO	2003 – 08 – 26
专利8	WO2011022469A2	DOW AGROSCIENCES LLC	2011 – 02 – 24
专利9	US20140116735A1	Dawn Equipment Compnay	2014 – 05 – 01
专利10	DE102005021025A1	Wiedenmann GmbH	2006 – 10 – 05

6.6.4 模糊综合评价计算

以构建的"基于顾客价值理论的专利价值评估指标体系"为依据,其中包含的某些评价因子具有模糊性,没有十分明确的定量信息,不存在定量的肯定与否定。使用模糊数学方法进行综合评价,使评价结果更接近实际结果。

运用古林 – 层次分析法得到的各因素权重向量,将随机选取的10件专利样本作为研究对象,进行专利价值的模糊综合评价。该过程主要包括2个模糊关系:① 专利价值各指标对专利价值的重要性程度;② 因素集 U 和评价集 V 的模糊关系。

6.6.5 具体计算步骤

(1)划分因素集 U

用模糊综合评价法评估专利价值,根据本章建立的隐性动态价值评估指标体系,得到模糊综合指标评价集合如下。

$$U = \{A, B, C\} = \{专利技术,外围环境,购买目的\}$$

$$A = \{A_1, A_2, A_3, A_4\} = \{技术领域宽度,权利保护范围,引用情况,$$

$$发展阶段\}$$

$$B = \{B_1, B_2, B_3\} = \{资源投入, 法律状态, 市场环境\}$$

$$C = \{C_1, C_2, C_3\} = \{生产经营, 品牌效应, 长短期投资\}$$

其中,

$$A_1 = \{A_{11}\} = \{IPC\ 技术范围\}$$

$$A_2 = \{A_{21}, A_{22}\} = \{权利要求个数, 国内同族专利数\}$$

$$A_3 = \{A_{31}, A_{32}\} = \{专利被引次数, 专利引用次数\}$$

$$A_4 = \{A_{41}, A_{42}\} = \{技术生命周期, 行业发展态势\}$$

同理可得:

$$B_1 = \{B_{11}, B_{12}\} = \{专利权人类型, 发明人数量\}$$

$$B_2 = \{B_{21}, B_{22}, B_{23}\} = \{有无专利诉讼, 有无专利转让,$$
$$专利权剩余有效期\}$$

$$B_3 = \{B_{31}, B_{32}\} = \{政府政策支持, 市场占有力度\}$$

$$C_1 = \{C_{11}, C_{12}, C_{13}\} = \{生产销售, 技术转让, 产品升级\}$$

$$C_2 = \{C_{21}, C_{22}, C_{23}\} = \{增加专利储备, 构建技术壁垒,$$
$$增加产品附加值\}$$

$$C_3 = \{C_{31}, C_{32}, C_{33}\} = \{获得政策扶持, 获得专利许可费,$$
$$专利质押融资\}$$

（2）建立评价等级集

选择的评价因素为 $V = \{V_1, V_2, V_3, V_4, V_5\} = \{高, 较高, 一般,$ 较低, 低\}。为了对后面的专利进行模糊综合评价,对多个样本专利进行价值排序,进一步将模糊评语量化处理,设置评语集对应的分数评价值为列向量 N,如表 6.34 所示。

表 6.34　模糊评价等级和量化值

V	V_1	V_2	V_3	V_4	V_5
专利价值	高	较高	一般	较低	低
N	$[100, 90)$	$[90, 75)$	$[75, 60)$	$[60, 45)$	$[45, 30)$

邀请 n 位相关领域专家对各个因素进行等级评价,若有 m 个专家 $(m < n)$ 对因素 U 在等级 $V_k (k = 1, 2, 3, 4, 5)$ 上评分,则认为整

个专家组对因素 U 的评价 V 的概率为

$$R_{ij} = \frac{M_k}{N} \quad (\sum_{k=1}^{5} r_{ij} = 1)$$

（3）确定因素层的模糊评判关系矩阵

邀请 10 位相关技术领域专家，依次对各层指标的各个因素进行评价，为专家提供 10 件样本专利的定性与定量信息，制作打分表见附录 6B。对专家成员打分结果分析，计算出概率，并以此概率构成评价矩阵 $\boldsymbol{R}$。

$$\boldsymbol{R} = \begin{pmatrix} R|u_1 \\ R|u_2 \\ \vdots \\ R|u_p \end{pmatrix} = \begin{pmatrix} r_{11} & r_{12} & \cdots & r_{1m} \\ r_{21} & r_{22} & \cdots & r_{2m} \\ \vdots & \vdots & & \vdots \\ r_{p1} & r_{p2} & \cdots & r_{pm} \end{pmatrix}$$

式中，第 i 行第 j 列元素 r_{ij}，表示某个被评事物 u_i 从因素来看对 v_j 等级模糊子集的隶属度。

（4）确定评价因素的权向量

在模糊综合评价中，确定评价因素的权向量 $W = (W_1, W_2, \cdots, W_p)$，使用古林 – 层次分析法确定评价指标间权重值。

（5）合成模糊综合评价结果向量

将 W 与各被评事物的 $\boldsymbol{R}$ 进行合成，得到各被评事物的模糊综合评价结果向量 $\boldsymbol{B}$，即

$$\boldsymbol{WR} = (W_1, W_2, \cdots, W_p) \begin{pmatrix} r_{11} & r_{12} & \cdots & r_{1m} \\ r_{21} & r_{22} & \cdots & r_{2m} \\ \vdots & \vdots & & \vdots \\ r_{p1} & r_{p2} & \cdots & r_{pm} \end{pmatrix} = (b_1, b_2, \cdots, b_m) = \boldsymbol{B}$$

式中，b_i 表示被评事物从整体上看对 v_j 层次等级模糊子集的隶属程度。

在模糊综合评价中，根据实际情况选择模糊评价的模糊算子。在模糊综合评价中较为常用的模糊算子有"主因素突出型""主因素决定型""加权平均型"，归纳在表 6.35 中。

表 6.35　模糊算子及其特点

模糊算子	特点
主因素突出型 （ $\bullet$, $\vee$ ）	参考其他评价指标影响,最终只考虑一个因素
主因素决定型 （ $\wedge$, $\vee$ ）	评价结果取决于起最重要作用的因素
加权平均型 （ $\bullet$, $\oplus$ ）	不仅考虑了所有因素且保留了单因素信息

本书在对现存算子特点进行详细分析后,选择使用加权平均型模糊算子,表达式为

$$b_j = \sum_{i=1}^{n} a_i r_{ij}, \ j = 1,2,\cdots,m$$

加权平均型模糊算子按照普通矩阵算法运算,参照权重大小,均衡兼顾所有指标,包含所有指标影响、所得模糊合成结果受权数、与单项因素和各对等级的隶属度影响,最大限度地保留了单因素评判的全部信息[44]。

6.6.6　US20030159633A1 综合价值计算过程

笔者分别邀请了来自科研机构从事专利情报分析的专家5人、具有专利代理人资格的学者2人、从事专利信息服务及专利转化工作的专家3人,组成具有代表性且权威性的10人专家组,通过邮件形式向专家提供10件样本专利的专利说明书及专利附图等信息。专家的主要任务是对待评估的10件专利的各项指标进行隶属度判断,为模糊综合评价法中构建模糊矩阵奠定基础(问卷见附录6B)。以 US20030159633A1 为例,对问卷结果进行整理计算,得到表6.36。

表 6.36　调查统计结果

三级指标	高	较高	一般	较低	低
IPC 技术范围	0.8	0.2	0	0	0
权利要求个数	1	0	0	0	0

续表

三级指标	高	较高	一般	较低	低
国内同族专利数	0.2	0.3	0.5	0	0
专利被引次数	0.7	0.2	0.1	0	0
专利引用次数	0.3	0.4	0.3	0	0
技术生命周期	0	0.2	0.2	0.6	0
行业发展态势	0.1	0.3	0.5	0.1	0
专利权人类型	0.4	0.3	0.2	0.1	0
发明人数量	0.1	0.2	0.6	0.1	0
有无专利诉讼	0	0.1	0.4	0.4	0.1
有无专利转让	0	0.2	0.4	0.3	0.1
专利权剩余有效期	0.2	0.4	0.3	0.1	0
政府政策支持	0.3	0.2	0.4	0.1	0
市场占有力度	0.3	0.3	0.2	0.1	0.1
生产销售	0.6	0.2	0.2	0	0
技术转让	0.4	0.2	0.2	0.1	0.1
产品升级	0.3	0.2	0.3	0.1	0.1
增加专利储备	0.4	0.3	0.2	0.1	0
构建技术壁垒	0.2	0.3	0.4	0.1	0
增加产品附加值	0	0.3	0.4	0.2	0.1
获得政策扶持	0.2	0.3	0.2	0.2	0.1
获得专利许可费	0.3	0.2	0.4	0.1	0
专利质押融资	0.2	0.2	0.4	0.1	0.1

（1）计算二级指标的评价向量

由表6.36可以得到三级指标对二级指标的模糊评价矩阵,由此计算二级指标的评价向量。

① 技术领域宽度的模糊评价矩阵

$$\boldsymbol{R}_{11} = (0.8 \quad 0.2 \quad 0 \quad 0 \quad 0)$$

结合权重,可以计算得到其模糊综合评价向量为

$$G_{11} = W_{11}R_{11}$$
$$= (1)(0.8 \quad 0.2 \quad 0 \quad 0 \quad 0)$$
$$= (0.8, 0.2, 0, 0, 0)$$

利用最大隶属度原则判断专利 1 在技术领域宽度方面的价值评价为"高"。

② 权利保护范围的模糊评价矩阵

$$R_{12} = \begin{pmatrix} 1 & 0 & 0 & 0 & 0 \\ 0.2 & 0.3 & 0.5 & 0 & 0 \end{pmatrix}$$

结合权重,计算得到其模糊综合评价向量为

$$G_{12} = W_{12}R_{12}$$
$$= (0.182, 0.818)\begin{pmatrix} 1 & 0 & 0 & 0 & 0 \\ 0.2 & 0.3 & 0.5 & 0 & 0 \end{pmatrix}$$
$$= (0.346, 0.245, 0.409, 0.000, 0.000)$$

利用最大隶属度原则判断专利 1 在权利保护范围方面的价值评价为"高"。

③ 引用情况的模糊评价矩阵

$$R_{13} = \begin{pmatrix} 0.7 & 0.2 & 0.1 & 0 & 0 \\ 0.3 & 0.4 & 0.3 & 0 & 0 \end{pmatrix}$$

结合权重,可以计算得到其模糊综合评价向量为

$$G_{13} = W_{13}R_{13}$$
$$= (0.6, 0.4)\begin{pmatrix} 0.7 & 0.2 & 0.1 & 0 & 0 \\ 0.3 & 0.4 & 0.3 & 0 & 0 \end{pmatrix}$$
$$= (0.540, 0.280, 0.180, 0.000, 0.000)$$

利用最大隶属度原则判断专利 1 在引用情况方面的价值评价为"高"。

④ 发展阶段的模糊评价矩阵

$$R_{14} = \begin{pmatrix} 0 & 0.2 & 0.2 & 0.6 & 0 \\ 0.1 & 0.3 & 0.5 & 0.1 & 0 \end{pmatrix}$$

结合权重,可以计算得到其模糊综合评价向量为

$$G_{14} = W_{14}R_{14}$$

$$= (0.4, 0.6)\begin{pmatrix} 0 & 0.2 & 0.2 & 0.6 & 0 \\ 0.1 & 0.3 & 0.5 & 0.1 & 0 \end{pmatrix}$$

$$= (0.060, 0.260, 0.380, 0.300, 0.000)$$

利用最大隶属度原则判断专利 1 在发展阶段方面的价值评价为"一般"。

⑤ 资源投入的模糊评价矩阵

$$R_{21} = \begin{pmatrix} 0.4 & 0.3 & 0.2 & 0.1 & 0 \\ 0.1 & 0.2 & 0.6 & 0.1 & 0 \end{pmatrix}$$

结合权重,可以计算得到其模糊综合评价向量为

$$G_{21} = W_{21}R_{21}$$

$$= (0.667, 0.333)\begin{pmatrix} 0.4 & 0.3 & 0.2 & 0.1 & 0 \\ 0.1 & 0.2 & 0.6 & 0.1 & 0 \end{pmatrix}$$

$$= (0.300, 0.267, 0.333, 0.100, 0.000)$$

利用最大隶属度原则判断专利 1 在资源投入方面的价值评价为"一般"。

⑥ 法律状态的模糊评价矩阵

$$R_{22} = \begin{pmatrix} 0 & 0.1 & 0.4 & 0.4 & 0.1 \\ 0 & 0.2 & 0.4 & 0.3 & 0.1 \\ 0.2 & 0.4 & 0.3 & 0.1 & 0 \end{pmatrix}$$

结合权重,可以计算得到其模糊综合评价向量为

$$G_{22} = W_{22}R_{22}$$

$$= (0.653, 0.260, 0.087)\begin{pmatrix} 0 & 0.1 & 0.4 & 0.4 & 0.1 \\ 0 & 0.2 & 0.4 & 0.3 & 0.1 \\ 0.2 & 0.4 & 0.3 & 0.1 & 0 \end{pmatrix}$$

$$= (0.017, 0.152, 0.391, 0.348, 0.091)$$

利用最大隶属度原则判断专利 1 在法律状态方面的价值评价为"一般"。

⑦ 市场环境的模糊评价矩阵

$$R_{23} = \begin{pmatrix} 0.3 & 0.2 & 0.4 & 0.1 & 0 \\ 0.3 & 0.3 & 0.2 & 0.1 & 0.1 \end{pmatrix}$$

结合权重,可以计算得到其模糊综合评价向量为

$$G_{23} = W_{23}R_{23}$$

$$= (0.222, 0.777) \begin{pmatrix} 0.3 & 0.2 & 0.4 & 0.1 & 0 \\ 0.3 & 0.3 & 0.2 & 0.1 & 0.1 \end{pmatrix}$$

$$= (0.300, 0.278, 0.244, 0.100, 0.078)$$

利用最大隶属度原则判断专利 1 在市场环境方面的价值评价为"高"。

⑧ 生产经营的模糊评价矩阵

$$R_{31} = \begin{pmatrix} 0.6 & 0.2 & 0.2 & 0 & 0 \\ 0.4 & 0.2 & 0.2 & 0.1 & 0.1 \\ 0.3 & 0.2 & 0.3 & 0.1 & 0.1 \end{pmatrix}$$

结合权重,可以计算得到其模糊综合评价向量为

$$G_{31} = W_{31}R_{31}$$

$$= (0.349, 0.271, 0.380) \begin{pmatrix} 0.6 & 0.2 & 0.2 & 0 & 0 \\ 0.4 & 0.2 & 0.2 & 0.1 & 0.1 \\ 0.3 & 0.2 & 0.3 & 0.1 & 0.1 \end{pmatrix}$$

$$= (0.432, 0.200, 0.238, 0.065, 0.065)$$

利用最大隶属度原则判断专利 1 在生产经营方面的价值评价为"高"。

⑨ 品牌效应的模糊评价矩阵

$$R_{32} = \begin{pmatrix} 0.4 & 0.3 & 0.2 & 0.1 & 0 \\ 0.2 & 0.3 & 0.4 & 0.1 & 0 \\ 0 & 0.3 & 0.4 & 0.2 & 0.1 \end{pmatrix}$$

结合权重,可以计算得到其模糊综合评价向量为

$$G_{32} = W_{32}R_{32}$$

$$= (0.323, 0.484, 0.194) \begin{pmatrix} 0.4 & 0.3 & 0.2 & 0.1 & 0 \\ 0.2 & 0.3 & 0.4 & 0.1 & 0 \\ 0 & 0.3 & 0.4 & 0.2 & 0.1 \end{pmatrix}$$

$$= (0.226, 0.300, 0.336, 0.120, 0.019)$$

利用最大隶属度原则判断专利 1 在品牌效应方面的价值评价

为"一般"。

⑩ 长短期投资的模糊评价矩阵

$$R_{33} = \begin{pmatrix} 0.2 & 0.3 & 0.2 & 0.2 & 0.1 \\ 0.3 & 0.2 & 0.4 & 0.1 & 0 \\ 0.2 & 0.2 & 0.4 & 0.1 & 0.1 \end{pmatrix}$$

结合权重,可以计算得到其模糊综合评价向量为

$$G_{33} = W_{33}R_{33}$$

$$= (0.634, 0.141, 0.225) \begin{pmatrix} 0.2 & 0.3 & 0.2 & 0.2 & 0.1 \\ 0.3 & 0.2 & 0.4 & 0.1 & 0 \\ 0.2 & 0.2 & 0.4 & 0.1 & 0.1 \end{pmatrix}$$

$$= (0.214, 0.263, 0.273, 0.163, 0.086)$$

利用最大隶属度原则判断专利 1 在长短期投资方面的价值评价为"一般"。

(2)计算一级指标的综合评判矩阵

由以上结果可以得到二级指标对一级指标的模糊评价矩阵,由此计算一级指标的评价向量。

① 专利技术的模糊评价矩阵

$$R_1 = \begin{pmatrix} 0.800 & 0.200 & 0.000 & 0.000 & 0.000 \\ 0.346 & 0.245 & 0.409 & 0.000 & 0.000 \\ 0.540 & 0.280 & 0.180 & 0.000 & 0.000 \\ 0.060 & 0.260 & 0.380 & 0.300 & 0.000 \end{pmatrix}$$

结合权重,可以计算得到其模糊综合评价向量为

$$G_1 = W_1R_1$$

$$= (0.24, 0.16, 0.48, 0.12) \begin{pmatrix} 0.800 & 0.200 & 0.000 & 0.000 & 0.000 \\ 0.346 & 0.245 & 0.409 & 0.000 & 0.000 \\ 0.540 & 0.280 & 0.180 & 0.000 & 0.000 \\ 0.060 & 0.260 & 0.380 & 0.300 & 0.000 \end{pmatrix}$$

$$= (0.514, 0.253, 0.197, 0.036, 0.000)$$

利用最大隶属度原则判断专利 1 在专利技术方面的价值评价为"高"。

② 外围环境的模糊评价矩阵

$$R_2 = \begin{pmatrix} 0.300 & 0.267 & 0.333 & 0.100 & 0.000 \\ 0.017 & 0.152 & 0.391 & 0.348 & 0.091 \\ 0.300 & 0.278 & 0.244 & 0.100 & 0.078 \end{pmatrix}$$

结合权重,可以计算得到其模糊综合评价向量为

$$G_2 = W_2 R_2$$

$$= (0.652, 0.261, 0.087) \begin{pmatrix} 0.300 & 0.267 & 0.333 & 0.100 & 0.000 \\ 0.017 & 0.152 & 0.391 & 0.348 & 0.091 \\ 0.300 & 0.278 & 0.244 & 0.100 & 0.078 \end{pmatrix}$$

$$= (0.226, 0.238, 0.341, 0.165, 0.031)$$

利用最大隶属度原则判断专利 1 在外围环境方面的价值评价为"一般"。

③ 购买目的的模糊评价矩阵

$$R_3 = \begin{pmatrix} 0.432 & 0.200 & 0.238 & 0.065 & 0.065 \\ 0.226 & 0.300 & 0.336 & 0.120 & 0.019 \\ 0.214 & 0.263 & 0.273 & 0.163 & 0.086 \end{pmatrix}$$

结合权重,可以计算得到其模糊综合评价向量为

$$G_3 = W_3 R_3$$

$$= (0.556, 0.111, 0.333) \begin{pmatrix} 0.432 & 0.200 & 0.238 & 0.065 & 0.065 \\ 0.226 & 0.300 & 0.336 & 0.120 & 0.019 \\ 0.214 & 0.263 & 0.273 & 0.163 & 0.086 \end{pmatrix}$$

$$= (0.336, 0.232, 0.261, 0.104, 0.067)$$

利用最大隶属度原则判断专利 1 在购买目的方面的价值评价为"高"。

（3）综合评价模型的建立

由以上评价结果,可以得到综合模糊评价矩阵为

$$R = \begin{pmatrix} 0.514 & 0.253 & 0.197 & 0.036 & 0.000 \\ 0.226 & 0.238 & 0.341 & 0.165 & 0.031 \\ 0.336 & 0.232 & 0.261 & 0.104 & 0.067 \end{pmatrix}$$

结合权重,可以得到综合评价向量为

$$G = WR$$

$$= (0.6, 0.2, 0.2) \begin{pmatrix} 0.514 & 0.253 & 0.197 & 0.036 & 0.000 \\ 0.226 & 0.238 & 0.341 & 0.165 & 0.031 \\ 0.336 & 0.232 & 0.261 & 0.104 & 0.067 \end{pmatrix}$$

$$= (0.421, 0.246, 0.239, 0.075, 0.020)$$

利用最大隶属度原则判断专利 1 的整体价值评价结果为"高"。

结合评价等级的量化值 $V = (V_1, V_2, V_3, V_4, V_5) = ($高, 较高, 一般, 较低, 低$) = (100, 90, 75, 60, 45)$，可以得到最终评分值：

$$Z = GV^T$$

$$= (0.421, 0.246, 0.239, 0.075, 0.020) \begin{pmatrix} 100 \\ 90 \\ 75 \\ 60 \\ 45 \end{pmatrix} = 87.490$$

结合各评价等级的划分区间，可以得到专利 1 的整体价值评价结果为"较高"。

同样地，可以得到各层评价指标的评分值如表 6.37 所示。

表 6.37　专利 1 价值评价得分汇总

目标层	评分值	一级指标	评分值	二级指标	评分值
专利价值	87.490	专利技术	91.095	技术领域宽度	98.000
				权利保护范围	87.321
				引用情况	92.700
				发展阶段	75.900
		外围环境	80.828	资源投入	85.003
				法律状态	69.759
				市场环境	82.751
		购买目的	83.337	生产经营	85.866
				品牌效应	82.855
				长短期投资	79.276

同样地,利用模糊评价的方法得到专利 2 到专利 10 的价值评价结果如表 6.38 ~ 表 6.46 所示。具体计算过程同专利 1 的计算过程,在此不再重复描述。

表 6.38　专利 2 价值评价得分汇总

目标层	评分值	一级指标	评分值	二级指标	评分值
专利价值	82.952	专利技术	84.925	技术领域宽度	84.500
				权利保护范围	82.956
				引用情况	87.600
				发展阶段	77.700
		外围环境	81.453	资源投入	84.336
				法律状态	72.470
				市场环境	86.802
		购买目的	78.534	生产经营	79.614
				品牌效应	79.355
				长短期投资	76.457

表 6.39　专利 3 价值评价得分汇总

目标层	评分值	一级指标	评分值	二级指标	评分值
专利价值	86.955	专利技术	88.147	技术领域宽度	98.000
				权利保护范围	85.769
				引用情况	87.000
				发展阶段	76.200
		外围环境	83.774	资源投入	89.167
				法律状态	69.846
				市场环境	85.137
		购买目的	86.562	生产经营	84.970
				品牌效应	83.490
				长短期投资	90.247

表 6.40　专利 4 价值评价得分汇总

目标层	评分值	一级指标	评分值	二级指标	评分值
专利价值	76.771	专利技术	75.972	技术领域宽度	72.000
				权利保护范围	79.498
				引用情况	74.700
				发展阶段	84.300
		外围环境	75.317	资源投入	78.340
				法律状态	65.808
				市场环境	81.197
		购买目的	80.622	生产经营	79.514
				品牌效应	82.197
				长短期投资	81.949

表 6.41　专利 5 价值评价得分汇总

目标层	评分值	一级指标	评分值	二级指标	评分值
专利价值	86.715	专利技术	87.746	技术领域宽度	97.000
				权利保护范围	77.860
				引用情况	87.000
				发展阶段	85.400
		外围环境	83.774	资源投入	89.167
				法律状态	69.846
				市场环境	85.137
		购买目的	86.562	生产经营	84.970
				品牌效应	83.490
				长短期投资	90.247

表 6.42 专利 6 价值评价得分汇总

目标层	评分值	一级指标	评分值	二级指标	评分值
专利价值	84.837	专利技术	83.788	技术领域宽度	72.000
				权利保护范围	83.502
				引用情况	87.500
				发展阶段	92.900
		外围环境	83.692	资源投入	88.167
				法律状态	71.147
				市场环境	87.801
		购买目的	89.127	生产经营	89.558
				品牌效应	88.138
				长短期投资	88.739

表 6.43 专利 7 价值评价得分汇总

目标层	评分值	一级指标	评分值	二级指标	评分值
专利价值	85.320	专利技术	84.593	技术领域宽度	72.000
				权利保护范围	83.957
				引用情况	91.400
				发展阶段	83.400
		外围环境	83.692	资源投入	88.167
				法律状态	71.147
				市场环境	87.801
		购买目的	89.127	生产经营	89.558
				品牌效应	88.138
				长短期投资	88.739

表 6.44　专利 8 价值评价得分汇总

目标层	评分值	一级指标	评分值	二级指标	评分值
专利价值	81.086	专利技术	79.360	技术领域宽度	87.500
				权利保护范围	81.773
				引用情况	71.300
				发展阶段	92.100
		外围环境	81.957	资源投入	87.500
				法律状态	68.937
				市场环境	79.476
		购买目的	85.393	生产经营	85.547
				品牌效应	86.928
				长短期投资	84.626

表 6.45　专利 9 价值评价得分汇总

目标层	评分值	一级指标	评分值	二级指标	评分值
专利价值	88.467	专利技术	88.268	技术领域宽度	87.500
				权利保护范围	90.501
				引用情况	91.500
				发展阶段	73.900
		外围环境	88.494	资源投入	88.837
				法律状态	88.183
				市场环境	86.858
		购买目的	89.039	生产经营	88.637
				品牌效应	88.380
				长短期投资	89.929

表 6.46 专利 10 价值评价得分汇总

目标层	评分值	一级指标	评分值	二级指标	评分值
专利 价值	85.764	专利 技术	83.917	技术领域宽度	87.500
				权利保护范围	90.683
				引用情况	78.100
				发展阶段	91.000
		外围 环境	88.130	资源投入	88.837
				法律状态	86.010
				市场环境	89.189
		购买 目的	88.940	生产经营	87.117
				品牌效应	89.395
				长短期投资	91.831

专利 1 ~ 专利 10 的具体得分汇总如表 6.47 所示。

表 6.47 样本专利计算得分

专利	专利技术评价值	外围环境评价值	购买目的评价值	综合得分
1	91.095	80.828	83.337	87.490
2	84.925	81.453	78.534	82.952
3	88.147	83.774	86.562	86.955
4	75.972	75.317	80.622	76.771
5	87.746	83.774	86.562	86.715
6	83.788	83.692	89.127	84.837
7	84.593	83.692	89.127	85.320
8	79.360	81.957	85.393	81.086
9	88.268	88.494	89.039	88.467
10	83.917	88.130	88.940	85.764

6.6.7 实证结果分析

为验证本书专利价值评估指标体系构建的合理性,笔者邀请了5位来自南京农业机械化研究所且长年从事技术研发的农业装备领域专家,通过邮件形式向专家提供样本专利说明书、专利附图等数据,请专家结合提供的专利说明书对技术进行解读,最后以百分制的形式表征专利价值(调查问卷见附录6C)。将5位农业机械化研究所专家对10项待评分专利的打分和样本专利价值分值计算结果进行对比排列,序列值见表6.48。

表6.48　样本专利得分结果

评估专利	专家得分	排序	计算得分	排序
专利1	88	3	87.490	2
专利2	84	5	82.952	8
专利3	90	2	86.955	3
专利4	80	6	76.771	10
专利5	95	1	86.715	4
专利6	90	2	84.837	7
专利7	75	7	85.320	6
专利8	65	8	81.086	9
专利9	85	4	88.467	1
专利10	80	6	85.764	5

为了更好地对比样本专利得分情况,根据表6.48样本专利的得分,绘制图6.13所示趋势。

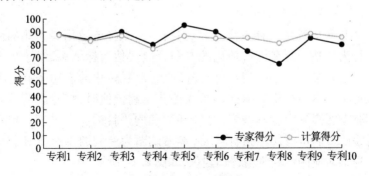

图6.13　得分对比分析

由图6.13中可知,专家对样本专利打分区间为[95,65],得分最高的是专利5,得分最低的是专利8。样本专利计算得分区间是[89,75],专利9的计算得分最高,专利4的计算得分最低。将两种结果进行对比发现,专家通过对样本专利技术内容解读后所评分值和本书计算的得分结果趋势是大致吻合的,验证了本书所建立的专利价值评估指标体系的合理性。对比两种方法对样本专利的专利价值量化可以发现,模糊综合评价法计算的结果差异不是十分明显,这是因为本书采用模糊综合评价法将评价等级分为5组(高,较高,一般,较低,低),而对应的数值分别是(100,90,75,60,45),也就是说,即便某个专利的某个指标计分为低,对应的值也是45,而不是0,因此会导致所选样本专利的得分差异不是十分明显。需要说明的是,本书选择采用专家打分和模型计算得分分别评估专利价值的目的不是得到专利价值的准确量化数值,而是因为在实践中专家对专利技术内容的评分标准不同,两种方法只能够比较相对分值趋势。

两种方法对样本专利的评价结果是存在差异的,但大致趋势是相同的。其中,专利4、专利5、专利6排序变化最大,究其原因,专家对专利进行评分更多的是对专利技术内容进行解读,而本书提出的计算方法还考虑了专利体现的市场经济价值和社会效益,鉴于不同专家的评价规则或着眼点不相同,偏差是可以理解并接受的。

6.6.8 专利价值评估建议

专利运营是一种以满意度为目标,追求经济效用最大化的商业行为。基于顾客价值理论的专利价值评估指标体系,对于提升专利运营买卖双方的满意度、提高专利运营转化的成功率有着重大意义。本书构建的指标体系在评估专利价值时,将专利购买者的驱动要素分为专利技术、外围环境和购买目的三大维度。根据构建的专利价值评估指标体系,本书试图为专利的供给方和购买方提供对应的专利价值评估建议,如图6.14所示。

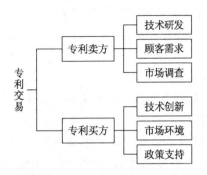

图 6.14　专利价值评估建议

对于专利卖方来说，将专利成功营销出去应当注重以下三个方面：

（1）技术研发

在一级指标中，专利技术所占权重最大，因此应当注重专利在技术上的研发和创新。专利技术价值的高低直接影响着专利法律价值和经济价值的高低。提高专利的技术价值，可以扩大专利的权利保护范围和保持专利的稳定性。故技术研发是满足专利购买者最基础的属性价值。

（2）顾客需求

在专利运营过程中，对于专利供给方来说，要想把专利营销出去，首先要了解专利市场的特殊性，从顾客感知价值的不同方式出发，分析购买者的需求，为购买者提供更详细的专利价值构成；不仅要重视专利在当下社会环境或市场环境中的价值，更要注重挖掘专利价值的动态性发展对价值产生的影响，正视在不同的环境中专利实现价值方式的异同性。

（3）市场调查

申请或开发一项专利技术时，应当对其所处的技术生命周期和行业发展态势进行考察，准确分析该技术的发展前景和相关产品的市场情况。同时市场的正常运行离不开国家宏观调控，企业在投资专利研发时，应当关注政府相关产业政策，促进专利技术与政策的融合性，让专利技术处于良好的社会环境中，不仅能更好地实践专利价值,还能有效降低市场和技术风险。

对于专利买方而言,在对专利价值评价时应当重点考虑以下三个方面:

(1) 技术创新

技术创新是创造企业核心竞争力的主要来源。专利特别是发明专利,是企业最核心的无形资产。无论是出于什么样的购买目的,购买者最重视的还是专利技术本身所包含的创新资源。随着我国市场的不断健全,购买者对专利技术价值的评估,不仅应从技术本身出发,更应关注专利权人的创新情况,如专利权人的类型、专利权人授权数量等,应多角度综合考量专利价值,只有这样,专利购买行为才能从投机转变为真正的专利价值投资。

(2) 市场环境

专利购买者在对专利价值评估时,应当把专利放在一个动态的社会环境中,分析专利技术所处的技术生命周期和专利所属行业的发展态势,调研相关产品的市场占有能力和市场需求度,减少对他人技术的依赖。有可能购买的专利,覆盖了他人在先专利的独立权利要求全部技术特征,导致自己实施时会造成对他人在先专利的侵权,因而需避免购买专利后虽然获得专利权却不能实施的可能性事情发生。

(3) 政策支持

在我国国情的影响下,提高企业自主创新能力、增强企业核心竞争力一直是保持经济快速平稳发展的关键。国家对技术投入不断加大,对企业的研发补贴和税收优惠力度加强,专利购买者可以抓紧时机,注重专利的潜在价值,进行专利投资。

6.7 专利价值评估的一般流程

专利价值评估工作涉及因素的复杂性,以及在各个阶段、各个产品、各个技术点上的专利的差异性,决定了在实际开展专利价值评估工作时,需要一个多方参与、综合调查、科学规划的决策过程,以及有序展开、按期部署的实施过程。为了将理论应用于实践,本书基于构建的指标体系提出专利价值评估的一般流程。

6.7.1　专利价值评估的参与主体

在专利价值评估中,通常会涉及以下几类主体:

① 管理部门:对整个专利价值评估过程起引导作用,明确购买专利的目的和自身未来规划,围绕自身的商业发展规划确定购买专利的方向、目标和需求。

② 市场部门:明确专利所涉及的市场详细状况,调研专利所处的市场环境和政策环境,以便于管理部门根据市场竞争状况和发展导向确定各个产品和市场规划信息。

③ 研发部门:由技术专家组成,主要任务是明确自身产品的技术特点、技术优势、研发实力及该领域的技术现状和发展趋势,以便于决策者从所掌握的技术资源和技术发展角度确定专利价值评估的侧重点。

6.7.2　专利价值评估的基本环节

专利价值评估的基本环节包括技术调查、市场调查、需求调查。

① 技术调查:通过搜集专利信息,对专利技术本身进行剖析,对新技术的应用范围及专利文献中包含的技术信息,如权利要求个数、同族专利个数、引用情况等进行分析,了解专利的资源投入程度,确定专利的法律状态信息,确定专利技术所处的发展阶段及应用价值。

② 市场调查:市场调查内容包括对该项技术的市场占有能力和该项技术所在行业的发展态势进行调查;主要目的是了解市场对该项专利产品的需求度、引入新技术的适应度,以及专利产品是否符合市场发展趋势,是否适应市场环境。

③ 需求调查:基于技术、市场调查信息,配合总体规划和整体发展目标,明确购买专利的目的、购买专利行为的主要价值驱动因素,主要目的是根据需求对专利进行精准投资。

6.7.3 专利价值评估的实施步骤

本书将专利价值评估工作归纳为以下步骤(图6.15)。

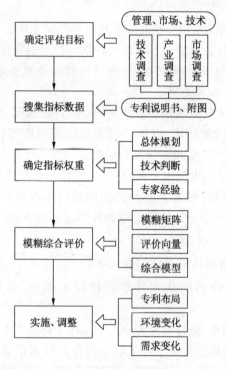

图6.15 专利价值评估的一般流程

首先,专利价值评估的参与主体确定评价目标(专利):管理部门宏观把握整个评估流程,从总体布局规划出发,结合专利研发部门对技术内容的深度解剖,再结合市场部门对专利市场环境的调查综合确定专利目标;在确定评估目标的基础上,技术研发部门利用专利文献说明书、专利附图等专利信息,采集各项定量和定性指标数据,对专利技术内容详细解读,挖掘其应用价值;再由管理和研发部门专家对采集到的具体指标进行重要度赋值,按照古林-层次分析法计算步骤得出各项指标权重。其次,由研发部门组成的专家小组对各项指标隶属度进行评分,按照模糊综合评价法的

步骤进行计算,预判专利价值得分。最后,管理部门的决策者进行
买卖决断,随市场环境和购买目的的变化调整实施购买决策。

本章主要参考文献

[1] 刘冠军. 运用劳动价值论对科技价值的研究[J]. 科学学研
究,2002,20(2):148 – 151.

[2] Jackson B B. Build Customer Relationship That Last[J]. Harvard
Business Review,1985:120 – 128.

[3] Zeithaml V A. Consumer Perceptions of Price,Quality,and Value:
A Means-end Model and Synthesis of Evidence[J]. Journal of
marketing,1988,52(3):2 – 22.

[4] Kotler P. Marketing Management[M]. Beijing:Tsinghua Univer-
sity Press,2001.

[5] Oliver R L. Value as Excellence in the Consumption Experience
[J]. Journal of Business-to-Business Marketing, 1998 (5):
79 – 98.

[6] 白长虹. 西方的顾客价值研究及其实践启示[J]. 南开管理评
论, 2001, 4(2):51 – 55.

[7] 李林. 基于顾客价值的湖北省旅游定价营销策略研究[J]. 企
业经济,2011,30(4):92 – 94.

[8] 张明立,樊华,于秋红. 顾客价值的内涵、特征及类型[J]. 管
理科学,2005,18(2):71 – 77.

[9] 崔香兰. 基于顾客价值的酒店服务营销策略研究——以苏州
香格里拉酒店为例[J]. 中外企业家,2018(32):144 – 145.

[10] 周晓琦,陈慧东,王晓川. 基于顾客价值的近邻宝顾客满意度
测评研究[J]. 中国储运,2018,29(11):136 – 139.

[11] 陈霞,肖之进,王财玉. 顾客价值的有限理性、认知偏差及应
用[J]. 荆楚理工学院学报,2018,33(5):22 – 26.

[12] Woodruff R B. Customer Value:The Next Source for Competitive

Advantages[J]. Journal of the Academy of Marketing Science，1997,25(2):39 – 53.

[13] 叶志桂.西方顾客价值研究理论综述[J].北京工商大学学报（社会科学版),2004,24(4):11 – 15,87.

[14] 李琼.顾客价值理论的发展研究[J].企业研究,2013,24(2):17 – 18.

[15] Parasuraman A, Grewal D. The Impact of Technology on the Quality-value-loyalty Chain:A Research Agenda[J]. Journal of the Academy of Marketing Science,2000,28(1):12 – 40.

[16] Higgins K T. The Value of Customer Value Analysis[J]. Marketing Research,1998(10):23 – 30.

[17] Lapierre J. Customer-perceived Value in Industrial Contexts[J]. Journal of Business and Industrial Marketing, 2000, 15 (2): 122 – 140.

[18] Ulaga W, Chacour S. Measuring Customer Perceived Value in Business Markets:A Prerequisite for Marketing Strategy Development and Implementation[J]. Industrial Marketing Management, 2001,30(6):525 – 528.

[19] 白琳.顾客感知价值驱动因素识别与评价方法研究[D].南京:南京航空航天大学,2007.

[20] 王敦海.网购模式下消费者重复购买意愿的影响因素研究——基于顾客价值理论和习惯的调节效应[J].商业经济研究,2018,37(23):84 – 86.

[21] Woodruff. Consumer Perceptions of Price[J]. Quality, and Value. 2010(7):2 – 22.

[22] 吴志新.顾客价值驱动因素的实证研究——以浙江省高新技术企业为例[J].生产力研究,2018,33(06):123 – 126.

[23] 张慧.关于顾客价值下农产品区域品牌建设方法分析[J].山西农经,2018,21(11):5 – 6.

[24] 李广凯,郭晶,龙华中.我国输配电行业专利价值评估可量化

指标分析[J].中国发明与专利,2016,13(12):59-62.

[25] 许珂,陈向东.基于专利技术宽度测度的专利价值研究[J].
科学学研究,2010,28(2):202-210.

[26] 邱洪华,陆潘冰.基于专利价值影响因素评价的企业专利技术管理策略研究[J].图书情报工作,2016,60(6):77-83.

[27] Lanjouw J O,Sehankerman M. Patent Quality and Research Productivity: Measuring Innovation with Multiple Indicators [J]. Economic Journal,2004,114(495):441-465.

[28] 周婷, 文禹衡.专利引证视角下的虚拟化技术竞争态势[J].
图书情报工作,2015,59(19):30-40.

[29] Bessen J. The Value of US Patents by Owner and Patent Characteristics[J]. Research Policy,2008,37(5):932-945.

[30] 孙靓.网上专利法律状态检索的意义及方法[J].安徽科技,
2010,22(8):33-34.

[31] 孙浩亮.专利质押价值评估参数研究[D].天津:天津财经大学,2012.

[32] John A,Mark L,Kimberly A. Valuable Patents[J]. Georgetown Law Journal,2004,92(10):438-480.

[33] 马永涛, 张旭, 傅俊英,等.核心专利及其识别方法综述[J].
情报杂志,2014,33(5):38-43.

[34] 余希田.构建面向知识服务的医学文献相关性数据库方法研究[D].北京:北京协和医学院,2008.

[35] 周曼.专利技术水平评价的指标体系及方法研究[D].镇江:
江苏大学,2017.

[36] 程如华.浅谈高新技术企业认定对企业专利申请战略的影响[J].江苏科技信息,2013,30(4):34-36.

[37] 孙颖.专利的发展、应用及作用[J].电子世界,2013,34(6):
154-155.

[38] 朱春江,唐德善.基于古林灰色证据理论的农业产值因素分析研究[J].理论探讨,2006,23(4):17.

[39] 谢宁.基于古林法的新船市场景气指数构建及其预警作用[D].武汉:华中科技大学,2011.

[40] 董俐君.农村"低保"政策实施效果研究[D].济南:济南大学,2018.

[41] 罗曙霞,王化麟,苗永春.AHP-模糊综合评判法在项目后评价中的应用[J].现代商业,2011,6(14):158-159.

[42] 祁金峰,宋伟.模糊数学评价法在蒲河水质评价中的应用[J].科技创新导报,2010,7(19):139,141.

[43] 付钦伟.基于专利强度视角的专利评估与优选研究[D].南宁:广西大学,2016.

[44] 宋世俊.综合安全评估(FSA)方法及在船舶交通管理水域的应用研究[D].大连:大连海事大学,2011.

附录 6A

基于顾客价值理论的专利价值评估指标体系权重调查问卷

尊敬的专家：

您好！

经过文献调研后，初步构建了基于顾客价值理论的专利价值评估指标体系。在此基础上，拟采用古林法计算各级评估指标的权重，为了得到科学合理的指标权重，提高评估的准确性和科学性，请您帮忙填一份调查问卷，提供一些专家的数据和观点。

本调查采用匿名的方式，仅供学术研究之用，对您的回答我们绝对保密。十分感谢您对我们科研活动的支持和帮助。

1. 基本信息

工作单位：　　　　　　　　职务/职称：

研究领域：　　　　　　　　学历：

2. 打分原则

本研究采用古林法计算指标权重。首先根据建立的指标体系构造判断矩阵，对每一层中元素的重要性由专家进行分析判断并进行两两比较，再通过引入九分位的相对重要的比例标度进行判断，如附表 6A.1 所示。

附表 6A.1　判断矩阵的 1~9 标度表

标度	含义
1	表示两元素相比，具有同等重要性
3	表示两元素相比，前者比后者稍重要
5	表示两元素相比，前者比后者明显重要
7	表示两元素相比，前者比后者强烈重要
9	表示两元素相比，前者比后者极端重要
2,4,6,8	表示上述相邻判断的中间值

示例见附表 6A.2。

附表 6A.2　专利技术指标权重

指标	R_j
技术宽度(C_1)	3
权利宽度(C_2)	0.5
引用情况(C_3)	5
发展阶段(C_4)	——

例如附表 6A.2,在专利技术指标重要度的计算中,假设您认为技术宽度(C_1)的重要性是权利宽度(C_2)的 3 倍,则计值(R_1)为 3;而权利宽度(C_2)指标的重要性是引用情况的 0.5 倍,则计值(R_2)为 0.5;引用情况(C_3)指标的重要性是发展阶段的 5 倍,则计值(R_3)为 5;最后,发展阶段没有项目可比,所有没有 R_4 值。

3．具体评价指标权重调查表

（1）一级指标（见附表 6A.3）

附表 6A.3　专利价值一级指标重要度判断

专利价值指标	R_j
专利技术(R_1)	
外围环境(R_2)	
购买目的(R_3)	——

（2）二级指标（见附表 6A.4 ~ 附表 6A.6）

附表 6A.4　专利技术 R_1 的二级指标重要度调查表

专利技术指标 R_1	R_j
技术领域宽度(R_{11})	
权利保护范围(R_{12})	
引用情况(R_{13})	
发展阶段(R_{14})	——

附表 6A.5　外围环境 R_2 指标重要度调查表

外围环境 R_2	R_j
资源投入（R_{21}）	
法律状态（R_{22}）	
市场环境（R_{23}）	—

附表 6A.6　购买目的 R_3 指标重要度调查表

购买目的 R_3	R_j
生产经营（R_{31}）	
品牌效应（R_{32}）	
长短期投资（R_{33}）	—

（3）三级指标（见附表 6A.7～附表 6A.15）

附表 6A.7　专利技术三级指标 R_{12} 重要度调查表

权利保护范围（R_{12}）	R_j
权利要求个数（R_{121}）	
国内同族专利数（R_{122}）	

附表 6A.8　专利技术三级指标 R_{13} 重要度调查表

引用情况（R_{13}）	R_j
专利被引次数（R_{131}）	
专利引用次数（R_{132}）	

附表 6A.9　专利技术三级指标 R_{14} 重要度调查表

发展阶段（R_{14}）	R_j
技术生命周期（R_{141}）	
行业发展态势（R_{142}）	

附表 6A. 10   外围环境三级指标 R_{21} 重要度调查表

资源投入(R_{21})	R_j
专利权人类型(R_{211})	
发明人数量(R_{212})	

附表 6A. 11   外围环境三级指标 R_{22} 重要度调查表

法律状态(R_{22})	R_j
有无专利诉讼(R_{221})	
有无专利转让(R_{222})	
专利权剩余有效期(R_{223})	

附表 6A. 12   外围环境三级指标 R_{23} 重要度调查表

市场环境(R_{23})	R_j
政府政策支持(R_{231})	
市场占有力度(R_{232})	

附表 6A. 13   购买目的三级指标 R_{31} 重要度调查表

生产经营(R_{31})	R_j
生产销售(R_{311})	
技术转让(R_{312})	
产品升级(R_{313})	

附表 6A. 14   购买目的三级指标 R_{32} 重要度调查表

品牌效应(R_{32})	R_j
增加专利储备(R_{321})	
构建技术壁垒(R_{322})	
增加产品附加值(R_{323})	

附表 6A. 15　购买目的三级指标 R_{33} 重要度调查表

长短期投资(R_{33})	R_j
获得政策扶持(R_{331})	
获得专利许可费(R_{332})	
专利质押融资(R_{333})	

附录 6B

专利价值评估指标权重专家打分调查问卷

尊敬的专家：

您好!

经过文献调研后,初步构建了基于顾客价值理论的专利价值评估指标体系。在此基础上,采用模糊综合评价法计算专利价值,为了提高评价的准确性和科学性,请您帮忙填一份调查问卷,提供一些专家的数据和观点。

本调查采用匿名的方式,仅供学术研究之用,对您的回答我们绝对保密。十分感谢您对我们科研活动的支持和帮助。

1. 问卷调查说明

本问卷是专利价值评估指标体系构建研究的重要组成部分,请您根据本问卷提供的专利指标定量数据及其定性打分标准判断各指标对专利价值的影响程度。根据具体的情况采用五分制填写,同时,希望各位专家能够提出宝贵的修改补充意见。

2. 问卷正文

将评价等级分为 5 种,即高、较高、一般、较低、低,评语集对应的分值见附表 6B.1。

附表 6B.1　5 种评价等级对应分值范围

评语集	高	较高	一般	较低	低
对应分值	$[100,90)$	$[90,75)$	$[75,60)$	$[60,45)$	$[45,30)$

请按照附表 6B.1 分值对附表 6B.2 进行判断,用"√"填在对应位置。

附表 6B.2 各指标评价等级

三级指标	高	较高	一般	较低	低
IPC 技术范围					
权利要求个数					
国内同族专利数					
专利被引次数					
专利引用次数					
技术生命周期					
行业发展态势					
专利权人类型					
发明人数量					
有无专利诉讼					
有无专利转让					
专利权剩余有效期					
政府政策支持					
市场占有力度					
生产销售					
技术转让					
产品升级					
增加专利储备					
构建技术壁垒					
增加产品附加值					
获得政策扶持					
获得专利许可费					
专利质押融资					

附录 6C

专利价值专家打分调查问卷

尊敬的农业机械化研究所专家:

您好!

经过文献调研后,初步构建了基于顾客价值理论的专利价值评估指标体系。在此基础上,为了验证指标体系的合理性并进行实证分析,在实证分析中需要您依据专家经验知识对给出的专利进行技术内容解读并用分值表示该项专利的价值。

本调查采用匿名的方式,仅供学术研究之用,对您的回答我们绝对保密。十分感谢您对我们科研活动的支持和帮助。

1. 基本信息

工作单位: 职务/职称:

研究领域: 学历:

2. 打分原则

本研究采用百分制(0~100)评分,请您根据专家经验结合给出的德温特专利说明书和德温特专利附图,对附表 6C.1 所示专利的价值进行评分。

附表 6C.1 专利价值专家打分表

公开号	专利标题	专家评分 (0~100)
US20030159633A1	Method and apparatus for ultra precise GPS-based mapping of seeds or vegetation during planting	
US6474500B1	Method and means for planting field seeds in rows with different varieties of seeds	
CN102239764A	Elliptical bevel gear-elliptical gear wide-narrow row transplanting mechanism of high-speed rice transplanter	
CN1253712A	Seedlings separating and taking method and rice seedlings transplanting machine	

续表

公开号	专利标题	专家评分 (0 ~ 100)
FR2801168A1	Method of separating cubic seeding clods in agricultural planting machine involves gripping pairs of clods and twisting them to release them	
US6212821B1	Automatic plant selector	
US6609468B1	Product on demand delivery system having an agitator assembly	
WO2011022469A2	Corn seed for introgressing herbicide tolerance trait in corn plant comprises genome comprising specific aryloxyalkanoate dioxygenase-1 event as present in specific seed	
US20140116735A1	Monitor system for e. g. planting row unit utilized with tractor, has video display coupled to controller to cause video display to display graphical representation that indicates deviation by measured parameter from target parameter	
DE102005021025A1	Harrow has earthworking tools, e. g. tines attached by swiveling arm to machine frame, drive system being connected to parallel arm above first and moving tine when it is stuck into earth	

第7章 结论与展望

专利价值受很多因素(包括很多不确定因素)影响,这也正是专利价值评估的难点所在。有不少研究者和实践者在专利价值的评估领域不断地努力探索,也不断地取得成绩。不管采用哪种评估方法,专利技术水平在专利价值中处于不变的非常重要的地位。如何对专利技术水平评估将直接影响专利价值评估的效果。除了专利技术水平之外,专利价值中还有很多不因外界条件改变而改变的隐性静态价值指标有待挖掘。专利价值中有一部分价值会因时间、外围环境、交易目的等的不同受到很大影响,这部分隐性动态价值也有待进一步挖掘和分析。为了进一步完善专利价值评估指标体系,丰富评估方法,提高专利价值评估的科学性、全面性、客观性、针对性、目的性和准确性等,本书在马克思"劳动价值论"视角下重新剖析专利价值的内涵;研究专利技术水平评估方法运用于精细加工可能性模型构建专利技术水平评估指标体系;挖掘专利隐性静态价值的影响因素;引入顾客价值理论,挖掘专利隐性动态价值指标。

7.1 结论

通过专利技术水平评估指标调查问卷,在充分考虑专家意见的基础上,结合精细加工可能性模型的相关理论,构建专利技术水平评估指标体系及计算方法,得出以下主要结论。

① 精细加工可能性模型适于构建专利技术水平评估指标体系。构建的指标体系分为中枢指标和边缘指标两部分,包含 8 个

一级指标(专利创造性程度、技术生命周期、技术覆盖范围、权利要求项、同族专利、专利引证、专利权人实力、法律状态)和若干个二级指标。运用层次分析法计算专利技术水平边缘指标体系的各级指标权重,并对各级权重的一致性进行检验,验证指标权重的科学性和合理性。一级指标中权重排名前三的为同族专利指标、法律状态指标和专利引证指标;同族专利指标中专利申请国/地区的数量指标的权重最大;法律状态指标中,专利诉讼情况指标的权重最大;专利引证指标中,专利施引频次指标的权重最大。

② 中枢指标分值除了计算专利文献相似度外,还考虑审查员关于创新性的审查意见、申请人关于创造性的答复意见,以及专业技术人员对专利技术内容的深度解读,提高了专利技术水平评估的准确性。

③ 本书的研究方法体系具有合理性和科学性。实证中运用本书提出的方法计算出两项专利技术水平分值结果,与日本专利分析公司 Patent Result 的评估结果进行比较,具有一致性。

本书构建的专利技术水平评估指标体系,虽然进行了文献调研和专家调查,但指标大多是在对以往研究的基础上提出来的,还需要不断地挖掘和补充。采用专利创造性程度作为中枢指标,在后续研究中可进一步对专利技术水平评估的研究内容和研究目的进行深入分析和加工,对具体专利技术方案进一步深入解读,扩展中枢指标的内涵和外延。

在专利技术水平的具体计算过程中,中枢指标分值的计算主要对专利文本相似度进行计算,在后续研究中可进一步对审查员关于创新性的审查意见、申请人关于创造性的答复意见,以及专业技术人员对专利技术内容的深度解读等方面进行量化,使中枢指标分值充分涵盖可能涉及的情况,专利技术水平的计算方法更加科学和合理,计算结果更加准确和客观。

④ 马克思"劳动价值理论"适于剖析专利价值内涵。专利价值是专利作为商品时的社会属性;构成商品交换即专利交易的基础,有价值和使用价值。专利价值一方面由专利本身所具有的技

术创新程度决定,构成专利的价值基础;另一方面,专利作为一种无形资产,应用该技术在市场交易中进行专利抵押、转让、融资等活动,可实现其使用价值。马克思劳动价值理论为专利价值评估提供新的着眼点。

⑤ 精细加工可能性模型评估专利技术水平是科学合理的。现有的专利技术水平评估研究多依赖专家意见,其客观性有待进一步提升。本书提出从专利技术方案进行深入解读,挖掘专利各要素与技术水平的关联,提高了专利技术水平评估的客观性和准确性。精细加工可能性模型适于构建专利技术评估指标体系。进一步挖掘中枢指标即专利创造性程度指标,包括专利文献的相似度、审查员关于创新性的审查意见、申请人关于创造性的答复意见、专业技术人员对专利技术内容的深度解读评估等指标;边缘指标包括技术生命周期、技术覆盖范围、权利要求项、同族专利、专利权人实力和法律状态等指标。这大大丰富了专利技术评估的影响因素视角和相关要素。实证表明,该方法得出的计算结果同日本专利分析公司 Patent Result 的评估结果一致,进一步验证了本方法体系的合理性和科学性,为技术水平评估提供了新的思路方法和理论参考,提高了专利技术水平评估的科学性和客观性。

专利价值评估中有些隐藏的静态价值重要指标不容忽视。 目前,国内外关于专利静态价值的研究还处于起始阶段。专利新颖性指标是专利静态价值评估的重要指标。利用构建的专利文献六要素结构树模型计算专利静态价值,采用改进的 LP – TF – IDF 算法提取特征词,基于专利文献六要素加权的夹角余弦公式计算专利新颖性分值是切实可行的。专利权人指标对专利静态价值的评估具有重要的影响。现有的研究仅考虑待评估专利的专利权人,而本书将待评估专利的专利权人、待评估专利施引专利的专利权人、待评估专利引用专利的专利权人视为一个整体。比较实验结果发现:将待评估专利的专利权人、待评估专利施引专利的专利权人、待评估专利引用专利的专利权人视为一个整体作为专利权人指标,提高了专利静态价值计算的精确性,进一步改进和完善了现有的专利权人指标。专利技术竞争力指标是专利静态价值评估的另一重要指标。专利技术竞争力指标很好地体现了专利技术对专利价值的重要性。利用专利引用数、专利施引数、同族专利数要素计算专利技术竞争力分值,用来表示专利技术竞争力指标分值,进一步提高了专利静态价值计算的准确性。本书提出的专利静态价值指标体系是有效可行的。实证说明,专利新颖性、专利权人实力、专利技术竞争力是专利静态价值的三大重要指标,在专利价值评估中发挥重要作用,不容忽视。

顾客价值理论可很好地应用于挖掘专利隐性动态价值及其影响因素。 将顾客价值理论引入专利价值评估指标体系的构建中,可挖掘不同购买者购买前的价值感测、实施中的价值创造和实施后的价值传递,揭示同一专利在不同时期、不同购买者实施能力、不同购买目的、不同社会环境等背景下其隐性动态价值不同,进一步完善现有指标体系。根据顾客理论的驱动因素研究及专利影响因素,将专利购买者的驱动要素分为专利技术、外围环境、购买目的三大维度;构建的评估体系包含3个一级指标、10个二级指标和23个三级指标,其中专利技术、外围环境、购买目的指标的权重分别为0.6,0.2,0.2,购买目的指标与外围环境指标同等重要,占总比例的20%,专利购买者的购买目的在专利价值评估中的重要作用不容忽视。模糊综合评估法适用于解决专利评估中指标的模糊性问题。选用播种机、插秧机、施肥机、移栽机、耕整机5种农机装备中具有代表性的10项专利作为样本专利,基于所构建的指标体系采用模糊综合评估法计算的样本专利得分情况与农机专家的打分趋势是一致的,验证了所构建的指标体系是科学合理的,从而进一步提高了专利价值评估的针对性、目的性、科学性和客观性。

为专利交易的供给方和购买方提供的专利价值评估建议具有重要意义。为专利交易买卖双方各自提供有针对性的专利价值评估参考,可提升专利运营买卖双方的满意度,提高专利运营转化的成功率。对于专利卖方而言,要将专利成功营销出去建议注重以下三个方面:需注重自身专利的技术研发,提高专利技术水平,满足专利购买者最基础的属性价值；要从顾客感知价值的不同方式出发，分析购买者的需求，认识在不同的环境中专利实现价值方式的异同性；申请或开发一项专利技术时，应当对其所处的技术生命周期和行业发展态势进行考察，准确分析该技术的发展前景和相关产品的市场情况，关注政府相关产业政策，促进专利技术与政策的融合性，让专利技术处于良好的社会环境中，不仅能更好地实践专利价值，而且能有效降低技术和市场风险。**对于专利买方而言，在进行专利价值评估时应当重点考虑以下三个方面**：要重视专利技术本身的创新程度和专利权人总体的实力水平；应当把专利放在一个动态的社会环境中，分析专利技术所处的技术生命周期和专利所属行业的态势发展，调研相关产品的市场占有能力和市场需求度，减少对他人技术的依赖，避免购买后不能实施的可能性发生；关注国家政策、研发补贴和税收优惠等，适当抓紧时机，注重专利的潜在价值，进行专利投资，从而扩大专利购买后的潜在实现价值。

7.2 展望

专利价值评估工作一直是一项复杂的系统工程，需要大量理论与实践的支撑。本书对专利价值评估的研究只是在前人的研究基础上继续往前迈进了一小步，今后仍有大量工作需要拓展、继续和完善，专利价值评估的研究之路任重而道远。

专利价值评估中的静态和动态指标体系均有待不断完善。本书在一定程度上从专利权人实力等角度补充了专利静态价值评估指标，但影响专利静态价值的其他隐性因素还需要不断挖掘。在对技术水平进行评估时，虽增加了专利文献的相似度、审查员关于创新性的审查意见、申请人关于创造性的答复意见、专业技术人员对专利技术内容的深度解读评估等指标来衡量专利的创造性程度，在一定程度上丰富了专利技术水平评估指标，但影响专利技术水平的因素还有很多，有待继续深入研究。专利价值不仅会受到技术环境的影响,还会受到动态变化的社会环境的制约,今后还需要继续扩充专利技术、外围环境、购买目的三大驱动因素,继续完善购买者视角下的专利价值评估指标体系。此外,还需要进一步从卖方的视角,挖掘新增专利隐性动态价值的影响因素,进一步完善专利价值评估指标体系,为专利买卖双方确定更合理的价格提供参考依据。

指标权重设置方法的科学性有待提升。除了指标体系构建的合理性之外,指标权重的合理设置一直是专利价值评估中的难点。指标权重设置是否合理将直接影响整个专利价值评估结果的科学性、客观性和正确性。本书指标赋值主要采用古林法和层次分析法,指标权重赋值仍然依赖于专家打分,且实证样本量偏小,导致结果带有一定的主观性和个体差异性。后续将研究更科学的权重赋值法,并增加专家打分样本量,减少因专家打分时个体差异带来的结果偏差。

实证研究的指标和技术领域有待加强拓展。在专利技术水平的具体实证计算过程中,中枢指标分值的计算主要是依据专利文本相似度进行计算,后续研究中需进一步对审查员关于创新性的审查意见、申请人关于创造性的答复意见,以及专业技术人员对专利技术内容的深度解读等方面进行量化,使中枢指标分值计算充分涵盖可能涉及的指标,使专利技术水平的计算更加科学、客观。在隐性动态价值的实证部分,本书仅选择了农机装备领域作为实证对象。在实际生活中,不同的行业存在着较大的差异,选择某一个行业进行实例验证是不严谨的。今后需进一步扩大实证领域,选取典型案例进行实证,使研究结论更具有说服力。关于专利价值评估实证案例库的构建,也是未来验证所构建的指标体系合理性的重要基础研究内容。

专利价值评估具有一定的模糊性、时效性和不确定性,不断完善和扩充评估指标,科学优化价值计算方法,开展多领域、多行业实证分析等,依然是今后专利价值评估研究的主要内容和重要方向。